室外空间装饰、铺砌、设计及其配件的顶级参考资料

THE ULTIMATE SOURCEBOOK:
Decking, Paving, Designs and Accessories

1001个创意·室外空间

1001 IDEAS FOR PATIOS AND DECKS

布雷特·马丁（英）/著

王长平　曹治/译

江西美术出版社

目 录

导言

　　原创的室外活动场所比以前更受欢迎，这是具有充分理由的。我们都想要一个可以与家人及朋友一起出去放松一下的地方，沐浴阳光，体验大自然。而露台和庭院能够提供上述的一切，甚至还会更多。它们能把你的院子变成一个功能齐全、具有吸引力的场所，让你身在其中感觉是那么的舒适。

　　露台和庭院使室内和室外之间的界限变得不是那么棱角分明，渭泾相别。露台除了是一个可供安坐以及进行户外社交应酬的地方外，也作为房子的一部分在使用。庭院位于入门的正前方，用来欢迎来宾，也是宾客从外面进入内屋的通道。露台和庭院可以设在院子内，建设在院内空间中的一个僻静区域，既合理利用了空间，又显得美观。

　　露台和庭院通过扩展生活区使你的房屋感觉起来更宽敞。它们基本上都是室外空间，但也可以提供室内其他房间的类似设施。你可以在一个能提供全方位服务的就餐区内下厨，也可在热水浴缸中沐浴、放松，还可在阳光下享受午睡。

　　任何家庭都可以添置新的露台或庭院，也可以改良现有的露台和庭院，或进行进一步装饰来满足你现在的需求。它们可以充实你的房子和院子，也可以成为你的室外空间的焦点。并且，你对露台和庭院改良或添加的装饰几乎是毫无限制的。

　　这本书展示了对任何居所的户外空间添置美观的露台和庭院的可能性范围。它为规划、美化和提高你的户外空间提供了面面俱到的想法。接下来的章节涵盖了让你的户外空间从理想化的露台和庭院，到变为功能更加齐全的实际项目的一切内容。不论你是处于一个密集的地段、抑或是只拥有一个有屋顶的阳台、或一片开敞的空间，你都将会发现契合你需求的理念。

　　结合图示，我们详细地描述和说明了例如烧烤区、引人眼球的花园藤架、灯饰的特点，以及对小路、植物、高耸的遮荫物建筑的理念。在此我们也提供了选择图案、材料和颜色的专业建议。

　　我们生活在一个风土人情、生活方式多种多样，生活情趣需求各不相同的环境下，同时各个家庭的预算考虑也各不相同。最后，如同你家室内的区域环境一样，你居所的室外空间对你来说也同样是独一无二的。

左图　木材和水泥混合能给这种多层次感的露台赋予一种赏心悦目的颜色感和纹理感。电缆式栏杆拥有现代的外观也适合当代的主题。

下图　有着各种各样的材料、加热装置、对比色系，这些元素都萦绕着这个圆形水池。

评测你的居所

你庭院的形状和坡度极大地影响着你扩建露台或庭院的选择。庭院的空间是设计用来逐渐远离室内房屋的。这种设计可以使降雨远离基石，也因此不会渗漏到地下室。庭院本身也应该每8至10英尺，有个大约1英寸左右非常微小的斜坡梯度。

几乎所有的露台和庭院都会设计成水平的地形，但是对于那些起伏的地区，这样设计却是一个挑战，特别是庭院。倾斜度较大的斜坡需要分级，使得庭院表面保持平整。挡土墙可以沿着庭院道路或分开的庭院安装，这样安装是用来处理坡地景观的两种主流方式。

露台相对于庭院来说，受斜坡的影响较小，因为它们可以修建在任何地形上，但是庭院的轮廓将有助于确定最佳景观类型的露台。如在地面上建起一个平台露台庭院，而提出用露台来解决斜坡问题，则不适用。多层次的露台往往是建立在不同高度、遵循自然倾斜度的庭院上，否则一切将难以被利用。

将你的庭院的现有特点纳入你的设计中。树木和花坛使庭院的边栏更精美，因此也要考虑扩大露台或庭院的毗邻的枝叶。你甚至可以在庭院周围种下树木，使它们生长穿过露台或庭院的表面。如果你的房产区域外有一个围栏或围墙，这是个便于私人休息的好地方。

游泳池通常都有一个用来放松的附属区域，它可以扩充到包括一个更正式的庭院或露台，或与室外厨房相连的用餐区。一条小道或小径，甚至一个凉亭，这些都是连接池子和露台、庭院的完美途径。

你的露台或庭院都应该用来充实润色你的房屋、景观、特色，比如围墙和花园。使用相同的颜色是一种取得平衡的简单方法，就像一个木制的露台绘上或渲染的颜色要与房子的修葺的颜色相互协调匹配。同样的道理，对院子里已有的植物，摆设相类似的植物在你装设的庭院和露台上，会使得你的庭院里变得协调一致。当你想要争取露台和庭院及其周围地区的相互和谐的时候，也有利于让它们拥有自己的风格。沿露台前添画一个曲线，或放置一个嵌花式的庭院表面，增加它自身的特性的同时也未超越岸线。

图1 一些模具可构造出轮廓独特的内墙角露台。弧角左侧直通往方形阶梯，而硬角则规定在右侧。

图2 置于整个露台和凉亭之间的灯，白天黑夜都可使用，而照亮空间的灯光并不需要太明亮。

图3 在这个密集的庭院的设计上，使用了火与水这两个相反的元素，并且使得木和石相结合，再混合了几种颜色和纹理，使得整个空间层次分明。

①

规划你的露台和庭院

露台和庭院都是和风景相关的。你一定希望能够坐在室外，享受这样风景如画的海洋、湖泊、山脉、山坡、树林，或花园般的场景。你所要做的就是在你的庭院里找到视野最好的地段，然后把庭院或露台向东建造来捕获这些美景。

环行于你的房屋和庭院，而后再确定拥有最佳视野的方位。即使你已经挑好了庭院或露台的合适位置，在庭院中反复走动斟酌也是值得的，这可以帮你最终确定最佳的位置。你可以决定扩大庭院或露台以达到更好的视野效果；你也可以降低部分露台的高度，这样你可以看到水上花园从地面矗立而起，例如，还可以从环绕着房子一侧的后院来体验双向视野。

一旦找到拥有最佳视野的方位，最好确保它不会干扰到房屋室内的视野。你一定不希望从起居室中看到露台上凸起那些挡住你视野的结构。同样的，考虑如何安置庭院或露台的位置也将会影响到你的整个居所的吸引力。从外街看来，后院的结构应该不会影响到整个居所的格调，但前院和两侧任何一方的结构都会对其有所影响。

不要忘了房屋的附属设备。包括你规划之中的电力系统和管道。把电气灯或电力供水添加到庭院或露台上，就需要把电缆接通到庭院里，而安装热浴缸需要水管设施。同样，像棚架，嵌入式家具，火盆这样的附属设备也都需要这样的附属设备规划。最好是在露台或庭院正在兴建时把这样的规划融入进去，而不是在露台或庭院建成后再做添加。

图1 这个用金属装饰栏杆装饰的露台上，有个景色引人入胜的湖泊。露台的高度高到足以让人观赏到附近树木的枝头。

图2 优越的地理位置可以让人们拥有非常理想的视野，同时这个露台拥有足够的空间让坐在户外的人们能够对美景一览无余。

图3 露台上绿荫环绕，这个设计把露台升高到可以俯瞰整个庭院的位置，同时仍可以享受到周边的树荫美景。

图4 这是一个精心策划的设计，旨在让泳池和后院的湖泊看起来浑然天成。

找到你所需的空间

露台和庭院项目被三个因素所限制：当地建筑法规、你的预算和可用空间。你必须遵守建筑法规，你的预算取决于周边环境情况，但利用细致的规划和独创性的想法，你总能找到用来建庭院或露台的空间。

从房屋直接所属的区域，到这个区域的周围，把整个庭院都考虑在所属空间之中。你可以在很小的一部分空间上，建造一个露台，也可以用它来让整个庭院通风透气——或把它变成庭院底下的一个空间部分。你还可以分化一部分空间用在庭院上铺砌小草坪、花园或水景。如果空间的利用特别紧张，也可沿着房子的后方添加一个狭窄的露台，或把车道变成庭院。

在院子前建造一个庭院，然后铺砌一条蜿蜒的小道或人行道延伸至后院，这样可以使紧密的空间看起来更大。在庭院或露台上纳入精心的设计，如在庭院或露台中融入有趣的图案，也可给人空间更大的感觉。对于特别狭小的区域来说，就把它考虑成垂直的。这样的设计能把目光引向上方，就如同乔木或高大枯瘦的树木会使地域看起来更宽敞。

宽敞的庭院能给你更多的选择，但是庭院和露台仍需遵循协调性的规划。开阔的空间给你更多的自由，用来添加更多的东西——如池塘、棚架、悬挂式花坛——但保持和谐、避免像大杂烩一样充斥着整个庭院也很重要。利用重复的颜色、材料、特色也是一种将所有元素融汇到一起的方式。

在图纸上绘出你的居所和庭院的布局。用图表来让一切保持平衡。一定要确保其中涵盖了庭院中所有的物体，例如树木、车

在这个小片区域中，一个引入式的庭院直通往前门，而与地面水平的露台穿过整个后院。围栏、树木、灌木丛包围着整个庭院，使其和周边的建筑相隔开来。

道、围墙以及小屋棚。此图有助于你找到庭院和露台建造的契合点，这些契合点是你可能将会错过的。它还可以帮助你找到隐藏在墙角或树下的空间，这个空间将会是一个建造惬意的庭院的理想位置。

在这个很小的区域中，有一个沿后院底端和侧面展开的狭窄露台，石阶小道把露台和庭院分离出来，充分利用了空间。

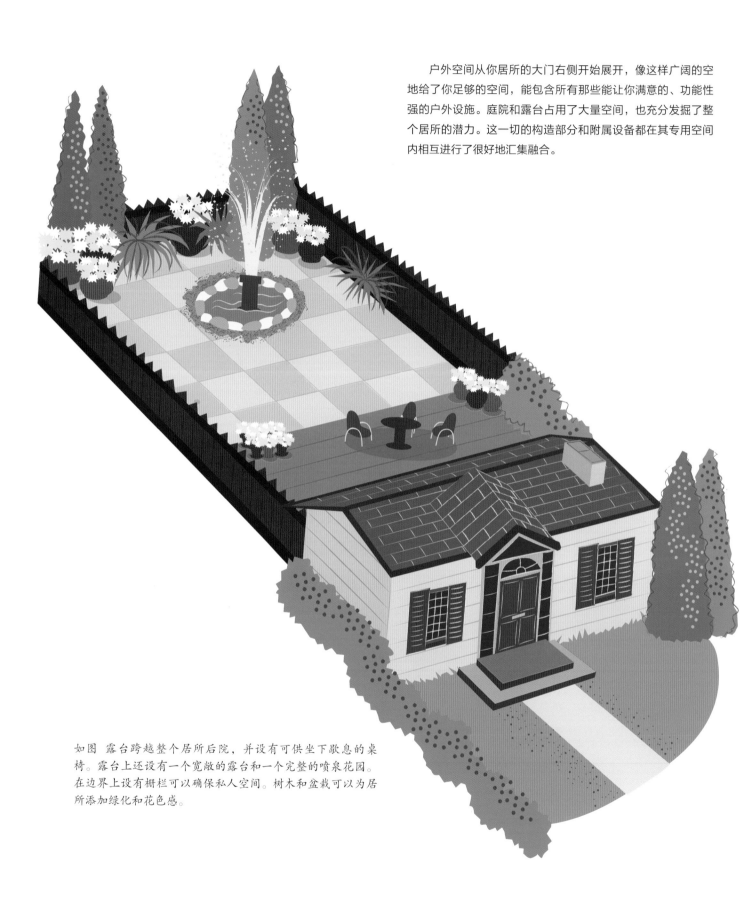

户外空间从你居所的大门右侧开始展开，像这样广阔的空地给了你足够的空间，能包含所有那些能让你满意的、功能性强的户外设施。庭院和露台占用了大量空间，也充分发掘了整个居所的潜力。这一切的构造部分和附属设备都在其专用空间内相互进行了很好地汇集融合。

如图 露台跨越整个居所后院，并设有可供坐下歇息的桌椅。露台上还设有一个宽敞的露台和一个完整的喷泉花园。在边界上设有栅栏可以确保私人空间。树木和盆栽可以为居所添加绿化和花色感。

多层次的露台在庭院的池围边形成阶梯的形式。庭院为你在泳池边上享受日光浴，提供了充足的空间。石墙包围着室外的空间，树木的枝叶倚墙生长，这也让庭院的界域变得清晰。

空间设计

　　无论你所选择的庭院或露台是怎样的形状和大小，你都可以把它专门设计成开放式的、或者隐匿式的，或是介于两者选择之间的形态。

　　一种选择就是把庭院或露台同家里的任何其他建筑分离开（例如小木棚、儿童游戏室），从而使它能够获得最宽广的户外空间。把家具和居所的附属设施都控制在最小的占据限度，以确保这一切都不会影响到开阔的外景视野。

　　在阳光照射下的另一端，可以有一个雕刻的壁龛放在僻静的区域，周围有小树丛、高耸的树林、栅栏和郁郁葱葱的凉棚。这是一个很好的私人空间，在这里你与大自然亲近，享受即使在户外也不被人发觉的惬意感觉。如果你现在没有这些来构成一个私人空间，那么你也可以用围栏或屏风来营造自己的私人空间。

　　充分利用那些围绕着庭院或露台的边界。如用饰景、灌木、树行、围墙或栅栏，可以让你与外界那些一切不愿意触及的东西分隔开，比如邻居的居所、繁华的街道。庭院或露台同样也可以降低噪音的影响。

　　尽量完善你的居所和庭院的图纸，它们会影响你的设计——例如，任何一片你想保留的草坪或是一棵树——而后把纳入你的庭院、露台以及其他所有你想添设的一切，比如花

②

①

图3 此设计位于远离居所的方位，一片幽静的树荫正好位于院子角落里的木制庭院的表面。

图4 此度假式的露台充分利用了湖泊的美丽风光，设计得略高于湖面，便于拥有更好的视野。

园、娱乐区、喷泉花园。尽量多地融入你的所需，集思广益，直到你完成完美的设计。整个过程将会有助于你添入所有可能的选择。

图1 有四条小道通往圆形的石露台，整个设计看起来很像一个古老的日晷。灌木丛包围着露台，修饰了它的形状。

图2 这个设计中涵盖了八字形的平铺环绕池，它与树木和架空建筑相隔甚远，这也致使它能够接受到阳光的直接照射。

①

阳光与树荫

最理想的是，你可将你的露台或庭院设在阳光温度和树荫高度皆宜之处。但需注意的是，阳光在你的居所户外范围的照射量将会改变你房屋一整天的状况。我们可以从图片上看到设计的露台或庭院在一天不同的时间段内获取的阳光照射量也不一样。可能在早晨可以接收到阳光、而后中午就被树荫覆盖，所以当你找到你所设计的露台或庭院，每天能够得到多少阳光直接照射的时长的时候，你需要最大可能地利用上这些因素。

一般情况下，庭院和露台都会面朝北面，这样可以接收到适量的阳光，而向南的方位整天都沐浴在阳光的照射下。东面的建筑则可以很好地接收早晨的阳光，如果你想坐在阳光下并喝上一杯清晨的咖啡，这里将会是很棒的选择。而朝西的建筑往往能得到中午到午后的阳光的温暖，有时还能看到美丽的日落。

在某种程度上你可以随心所欲地控制庭院或露台上的阳光和树荫分布量。如果你想得到更充裕的阳光，你可以去除或修剪掉周围的树木，或可以将庭院或露台扩延到阳光可以直接照射的区域。

反之，如果你喜欢更多的树荫，就可以种植更多的树木。枫树是一个很好的选择，因为它们生长很快、叶片很大，当然其他的树木也可以有同样的作用。把它们栽种在庭院或露台的西南方将会在一天中最热的下午为你提供最阴凉的保护。树木既是景观，也有着其他的实用效益。不足之处就在于，它们不能产生直接效益。它们至少要花5年的时间来长到足以抵御阳光照晒的程度，所以你需要将它们纳入你的长远规划中。

短暂缓解方法，你可以安装遮阳设施。比如一个可以延长超过庭院或露台的，并连接到居所内部的简单雨棚。有些是可以伸缩自如的，甚至可以控制阳光对你的照射量。时髦的、多彩的阳棚显得就特别万能，可遮盖整个庭院或露台的大型遮阳棚及高畫的、可收缩式檐棚想必都合你意。

图1 虽然露台上的遮阳棚在炎热的下午具有遮荫的效果，然而在清晨，它不会影响阳光直射到庭院上，吃早餐的时候坐在那里，能让人感受到温暖。

图2 这个设计中，三角形的屋顶建筑能够为庭院遮阳。郁郁葱葱的树木、攀援的开花植物都能够柔化直柱的生硬效果。

图3 这紧密排列的架空结构板条可使得庭院得到足够的日照量。庭院的另一半也同样可以得到充足的日照。

图4 这红陶平铺的庭院屋顶建立在坚实的木梁上，它不只是用来提供遮荫，也创建了一个永久性的室外房间。

图5 在这弯曲路径的庭院上减少了一部分路径之间的树木，可以既保持庭院表面能够有树荫，又可以减少整个庭院暴露于风吹日晒中。

建设室外客房

一旦你已决定露台和庭院的位置，就可以开始建造你的户外空间了。决定你想要什么，包括结构，如烹饪区、就餐区或洗浴区。你的决定将会影响着你整个居所的特点取向。烹饪区通常远离室内，这样烟雾易于消散，也不会使板壁褪色。洗浴区通常的设计是靠近房子而便于使用。

房子的功能和外观一样重要，所以要规划设在庭院或露台活动区周围的区域。如果娱乐是其主要功能，那就要有足够的空间可以让客人聚集在一起而且不被一些屏障隔开。如果主要功能是放松，那么就要有舒适的地方可供坐下来休息。如果主要功能是享受大自然，那么就可以在庭院或露台上种植植物。

把这个空间想象成一个实用的房间。露台或石径小道犹如地板。你可以添上挡土墙、栅栏，或用屏风来当作围墙，也可以设置一个凉亭或棚架。你也可以纳入内置家具或便携式家具，这样你就能有地方坐；纳入灯饰的话，这样你就可以在夜间也能使用这些区域。你还要决定在哪里放置楼梯，以及人们在什么地方出入。

与房间一样，庭院和露台应该看起来很有魅力。迷人的色彩、生机勃勃的枝叶和让人惊艳的视野都应会吸引住客人，这样的舒适将会让他们流连忘返。

图1 均匀排布灯饰将会使庭院光线保持充足。在白天，便携式的遮阳棚可以为你遮荫。

图2 长而窄的特色水道延伸至庭院，伴随着声音平缓的声控瀑布。

图3 设计理念中也可以融入娱乐的成分，就如这个庭院，它拥有一个可刚好容纳8人的户外露天餐桌。

图4 这个露台分为了好几个区域，或者说是"房间"，它们每一个都有不同的功能，比如可供浸泡的热浴盆或可供烧烤的烤架。

露台设计

　　建造一个经过精心策划的露台用来扩大你的生活空间，它可以既经济又实用，同时还能为你的家庭增添美观和价值。当设计露台时，一个重要的考虑因素就是你想如何使用它，无论是休闲、社交或用餐，你都需要考虑到你想获得或避免的方面，比如可利用的空间和你的家庭和花园的风格。同时，你至少还要考虑一些实际问题，如预算以及取暖和乘凉的选择。

　　作为房间的扩展部分，露台就像是家里的另一个房间，这意味着你可以设计或进一步修饰它来满足你的需求。设计双层露台或升高露台可充分利用到美丽的风景，或者把露台环绕在房子四周得到多方位的风景。多层次露台可以连接房子的每一层，充分利用斜坡，同时用较低高度的露台来增加生活空间。

　　露台可与任何景观搭配。如果你的院子是倾斜的，并没有得到大量使用，露台将利用这些空间，为你提供一个舒适的户外天堂。如果你有一个"L"型或"U"形的房子，并不能充分利用内眼角的空间，露台可以连接相邻的墙壁来解决这些问题。即使你缺少空间，你也可以沿着房子的后面建造一个狭长的露台，使得该地区更具有吸引力。不像暴露在街道的前廊，露台可以保有更大程度的隐私。格子凉亭、乔木和屏风都可以巧妙地保证你所需要的隐蔽性。

　　当规划你的设计时，你不必拘泥于平面的盒式的露台。你有无穷无尽的形状和样式可供选择，包括圆形露台、角露台、多层次的露台和横跨整个房间长度的露台。你会从中找到同时兼顾功能特性和经济性的设计，特别是楼梯和栏杆。

左图　这样上升的方形露台通过楼梯连接到矩形平台露台。下层露台是为了布置成餐厅。

下图　波浪的前缘为露台增添了视觉上的效果，特别是栏杆顺应着相同的曲线。

方形露台

　　方形的露台相对来说更容易设计和建造，这使得它对于预算紧张，并且需要自己动手却只有少许实施经验的人来说是个不错的选择。这些露台都是盒形，有着对称的轮廓，适合大多数房子的风格。尽管其基本形状是那样，但是经过精心装饰的方形露台看起来更加吸引人的眼球。你也可以在简单的格子或栏杆上增加一个额外的维度，装饰一些有趣的图案来增添活力。

图1　这种紧凑的露台在后门外提供了座椅。垂直的楼梯使这种结构看上去更加高，并完善了露台的底面。

图2　沿着楼梯生长的花，欢迎着客人来到这个完美的方形露台。这儿有足够的空间可以放置桌椅和烧烤架。

图3　这间房子的外墙遮掩着乙烯材料建成的露台的侧面和角落。隐私围栏也是通过乙烯材料完成的，隔绝了周围不同风格的建筑，只剩下露台的其余部分敞开着，使得这个设计表现出统一的风格。

图4 横跨宽度的房子，这个方形露台的楼梯下面是一个混凝土庭院。庭院和露台的结合填补了整个后院。

图5 对角线模式的露台提供了更加有趣的效果。

图6 沿着露台的三边式栏杆提供了安全性，而该区域毗邻的庭院是完全开放的。

矩形露台

　　当你想在房子大部分或所有部分的后方安装露台时，狭长的矩形露台非常实用。这经典的造型是最流行的露台风格之一。矩形的露台提供了很大的空间，又不需要伸展出院子太远，它也非常适合放置在楼梯的一边。同时，利用一部分空间使露台多功能化，如烹饪，另外的空间用于安置些其他的东西，比如斜倚的吊床。

图1 沿着房子的后方伸展，这个矩形的露台设计长到足以容纳两个楼梯、一个凉亭、一个内置的长凳和家具。

图2 这个房子旁边的露台建立有两个层次。内置的长凳很好地利用了离房子最远的角落，并且屏风提供了隐蔽性。

图3 这个露台上布置了许多的座位，一端有餐桌，另一端摆放着一个非正式的桌椅，并在中间放着躺椅。

图4 这个角度的矩形露台被分为不同的区域，有用于日光浴、进餐，以及在热水浴缸中放松。

图5 耀眼的白色栏杆装点着房子。匹配的椅子分散在周围，提供充足的空间用来放松或社交。

图6 在靠近草坪的四周没有设置栏杆，露台有一种开放的感觉。花盆用来连接这两个地区，显得浑然天成。

图7 这狭长的露台有一部分被房子的屋顶遮挡，充分利用了房屋构型的特点。

⑦

⑥

圆形和弧形露台

如果你想要一个不一样的设计，可以考虑圆形露台，它会让你的户外空间获得更多的关注。添加曲线会给露台与众不同的外观，这就是为什么这些露台会流行。你可以把角落变圆，消除边角，或把整个向外的露台一侧变成一条平滑的曲线。曲线将柔化房子线条，提供宁静的感觉。要知道圆形露台的建立更有挑战性，如果是你自己完成这项工作，这意味着将花费更多的精力，需要更多的专业知识，你在设计之初就要充分认识到这一点。

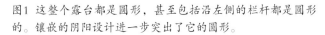

图1 这整个露台都是圆形，甚至包括沿左侧的栏杆都是圆形的。镶嵌的阴阳设计进一步突出了它的圆形。

图2 细长的楼梯伴随着露台柔和的曲线。所有其他的楼梯被漆成不同的颜色，以突出它圆形的边界。

图3 这升高的露台的曲线顺延向树梢，充分利用了地形，建立了一个休闲区。

图4 露台的上半部分的曲线与下层的圆形相匹配，凉亭包含了整个圆形区域的元素。

图5 室外空间有三个组成部分：露台、庭院和游泳池，它们都顺应着相同的曲线。

图6 四层的圆形楼梯连接着露台的下层部分，从房子的任何一边都可以进入这两层。

角露台

如果你正在寻找一种简单的方法，用来避免传统方式的方型结构，那可以使用角露台。设计成接近45°角的话，会使露台看上去非常有特色。你可以尝试不同的几何形状，直到找到你喜欢的设计。把露台上的所有四个角拼在一起会变成一个有趣的八角形，类似于一个凉亭。合并起来的角露台价格便宜，不需要花费很多钱就可以使露台看起来有吸引力。

图1 柔和的角度在露台突出的部分均有使用，如左平台和热浴区。

图2 有规律的隔角落突出部分，相对于房子都是45°角，让这个露台看起来非常别致。

图3 这露台的最高处有热水浴缸，与其余结构成一定的角度。在这个位置上，热水浴缸与露台上的其余部分保持一致。

图4 八个等距边沿的下层露台，形成了一个有趣的八角形。上层的角度是为了配合两边相近的房子。

图5 露台前的单级阶梯，铺设成一个相应的角度，柔化了房子、露台墙和凉棚的线条感。

图6 露台相对房子的墙壁呈45°角，并采用相同的形状，使得整体看起来很自然。

图7 利用一系列的角度变换修饰着这个平台露台。不同层次上的内置长凳和花槽添加了更多的吸引力。

环绕露台

当你想获得多角度的视觉享受时，环绕露台是不错的选择。露台包围着房子的两面，你可以选择从阳光下移动到树荫下，或者从树荫下移动到阳光下。环绕露台通常位于附近的地面上，横跨两个或多个门廊。由于这些露台有多个转角，很轻易地就可以把它们分成不同的活动区域。与房子转角相配的直角相比，在房前运用柔和的曲线的露台会使它看起来更加有吸引力。

图1 门廊前的露台越过前门，毗邻凉亭，围绕着这所房子。

图2 狭窄的露台用盆栽装饰，环绕阳光房，设有一个水池，作为温室的延伸区域。

图3 露台从地面沿着房子前伸展到房子的后方，成为升高的露台。露台下的砖与房子的砖相互匹配。

图4 露台从房子的后门延伸到拐角处，连接门廊。白色的栏杆、楼梯板和栏架与房子的线条相呼应。

图5 这个露台围绕着房子，连接着入口就像一个阳台。

①

内角露台

内角露台对于"L"形和"U"形的房子是非常适宜的选择。露台沿着房子的边沿而建，充分利用那些未使用的空间。房子的墙壁提供了遮掩功能，同时看起来也很自然，水池和日光浴设备是这样露台的理想选择。墙壁还可以抵挡部分的风雨，使露台更加舒适。内角露台大部分都是建立在地面上，所以它们很容易被花草、灌木环境所影响，设计的时候需要考虑到这一点。

图1 露台沿着整个房子的后方延伸，顺着房子呈现同样的"L"形，两个滑动的庭院门提供了从室内到室外的入口。

图2 庭院和露台的组合把内角区域转换成了很实用的室外生活空间。

图3 建造露台不需要移除后院的树木，相反，露台能够填补角落，把树木给突显出来。

图4 除了栏杆，内置的长凳围绕着露台的边缘，使这个区域看起来更加完整。

②

③

④

平台露台

平台露台适用处于一个层面的房屋建筑。它坐落于或邻近地面，与院子相连接。这使得它易于将景观、花卉、树木这些装饰和庭院整合起来。平台露台通常是最容易建立的。由于房主协会和地区区域限制不允许有多余的覆盖物，造成露台和周边地区之间没有任何阻碍，形成了一个真正开放的空间。

图1 多层次的定制栏杆，简单的凉棚给这个露台营造了一种质朴的主题。

图2 这醒目的图案处于露台空间的中央，同时用圆形的楼梯围绕着它。装饰品的混合搭配，比如石壁炉和石窗，增加了吸引力。

图3 宽大的楼梯使露台与院子紧密连接。栏杆标示出边界，同时沿着栏杆摆放座位，柔化了角度。

图4 叶状部分组合成的综合装饰图案，使这个宽敞的露台与外界有机地结合起来。

上层露台

　　建设一个上层露台是增加建筑空间感最完美的方式，如客厅或卧室。另外它还可以充分利用斜坡，从而得到最佳的效果。你可以完善露台底部，利用这些空间作为庭院，同时增加楼梯通向你的院子。

图1 这个露台远离地面，为家庭提供了一个大型的室外区域。长长的阶梯顺着斜坡到达地面。

图2 这个露台上升到推拉门的那个高度，让人一出房门就能到达一个相同高度的室外生活区。

图3　透明的栏杆对于上层露台是理想的选择，因为它们不会阻挡风景。穿过露台生长的树木提供了天然的树荫。

图4　上层露台通过楼梯和由混凝土铺建成的人行道相连。露台下的阴凉处可以充当座位间。

图5　这双层露台上升到足以在地面上形成一个完整的庭院的高度。

图6　这露台离地面非常高，所以没有任何必要建造楼梯，这将占用太多空间。

岛状和半岛状露台

　　从房子中分离出来，岛状露台具有很好的灵活性，因为它可以被放置在院子里的任何地方。如果你找不到一个地方能连接露台和房子，或者你想要一个能够捕捉最佳的视角的独立式露台，那么你可以考虑岛状露台。如果要露台位于房子附近，但不与房子在实际建造上相连，选择半岛状露台是一个很好的方式。半岛状露台建造在房子附近，它们通过人行道或楼梯与房子相连，和露台通常采用的是相同的材料。

图1　由楼梯连通房子，这个半岛露台四周都是自然的景色。

图2　这个独立式岛状露台配备着庭院，花草树木围绕着它，使它拥有一个宜人的环境。

图3　这个岛状露台建在庭院上，作为泳池使用。

图4 多层次的桥墩在水边形成了一个半岛状露台。这个露台建有遮阳建筑物和长凳，让人们可以坐下来欣赏风景。

图5 这个露台前方的庭院被树木围绕着，让人可以在此乘凉或者进行户外活动。

图6 临河的区域是建造露台的好地方。房子的小路和楼梯直接通向露台上。

图7 把露台升高到可以容纳一个游泳池，为游泳者提供了一个进出水池的平台，游泳池旁的栏杆确保了安全性。

多层次露台

　　为了连接多层次的房子或倾斜的院子，多层次露台是理想的类型。由楼梯或走道组成的两个或两个以上的区域，多层次的露台提供了更多的功能，因为你可以把不同的层级用于不同的作用，露台顺着院子的轮廓形成生动的外观。你也可以在平面院子中建立一个多层次的露台以增添趣味，即使你只用一些台阶来划分这些区域。

图1　这款露台是为高尔夫球爱好者设计的，刻出来了一块挥杆区域，然后顺着斜坡向下，直到它到达球洞区。

图2　露台的上层用于烧烤，而露台的下层由不同的木材制成，用于饮食和娱乐。

图3　台阶和一部分栏杆分隔两个平台，让它们拥有自己的特点和趣味。

图4　这种多层次的露台在夜晚的灯光下看起来特别吸引人，用灯装饰通往庭院露台的楼梯，照亮通往上层的道路。

图5 内置长椅、栏杆和并排的装饰板把露台的各级楼台连接在一起。

图6 下层露台接近于地面，没有突显出来的栏杆。栏杆巧妙地隐蔽在上层露台之中。

图7 作为一个精心制作的平台，下层露台有一个有趣的八角形。上层露台也有有趣的角度和相同材料的装饰栏杆。

露台组件

　　最后为了让露台看起来美观并实现它的功能，所有的组件需要共同作用，互相平衡。露台栏杆应与楼梯栏杆相配合，楼梯应与露台相配合。为了达到这种凝聚的效果，露台、栏杆和楼梯都使用相同的或互补的材料和颜色。这也同样适用于内置的配件，如棚架和长凳。不同的元素使用相同的材料让这些配件看起来像是露台的自然组成部分。

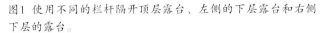

图1 使用不同的栏杆隔开顶层露台、左侧的下层露台和右侧下层的露台。

图2 从露台通往院子的楼梯踏板与装饰板相称，木楼梯穿过露台自然地坐落于楼梯的左侧。

图3 露台和楼梯下方使用相同的木板，达到了一致的外观，栏杆的使用，使它们紧密地联系在一起。

图4 塑料栏杆用于楼梯栏杆的设计中，是这个设计的特色，这种栏杆相比于玻璃材质来说，用在上层露台会更好。但木制栏杆也是一样的，所以你可以有充足的选择。

图5 露台组件包括装饰板、栏杆、台阶和长凳，都是由相同的木材制成。格子墙打破了使用栏杆的常规模式，与其他的露台很好地融合。

装饰板

　　装饰板是露台最为显著的组成部分。使用木板可将你的目光吸引到房子的楼梯和入口处，而复杂的图案使露台看起来更加宽大。另外，还要注意边界的设计安装，它会使露台看起来更为完整。复合露台适用于色彩缤纷的设计中，会让装饰板成为绝妙的焦点。像一些人字形（V形）图案，需要更多的木材和额外的托梁支撑，如果你想要一个绝妙的设计，那么那些额外的专注和努力是必要的，同时你会发现所有的努力和专注都是值得的。

图1 在这个设计中楼梯踏板和楼梯是平行的，而装饰板本身却是人字形的。

图2 装饰板与房子的平行安装突出了这个露台的长度，并且把目光吸引到楼梯处。

图3 像这样的斜角露台，所有的装饰都在露台的一边，缔造了一个赏心悦目、简单有效的设计。

图4 装饰板上的镶嵌设计，瞬间提升了空间感，打破了拥有重复直线条的盒状露台的单调性。

图5 装饰板放在不同的方向使露台的每一级都有自己的特点。边界设计是下层露台的一个特色。

一个类型的选择会奠定露台的审美基调，铺设直板赋予露台平静、安宁之感。倾斜板和样式通过精彩的设计能活跃空间的气氛。直角板能使小露台看起来更长、更宽，并且直角板能美化普通露台并让箱型结构看起来更富有想象力。

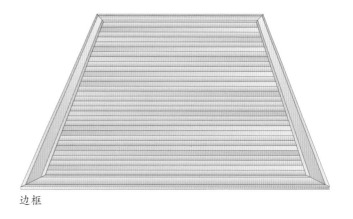

边框

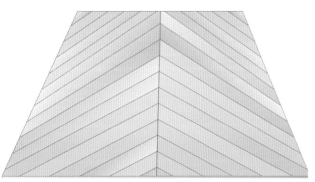

双斜线形，双对角线形

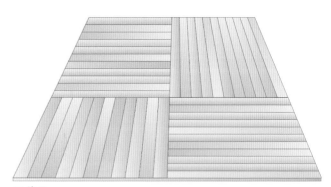

网篮状

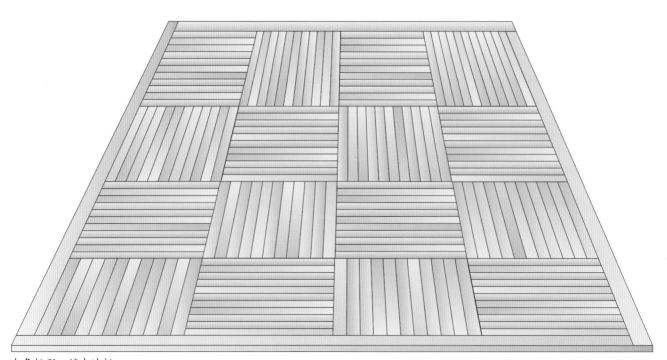

木条板形，镶木地板

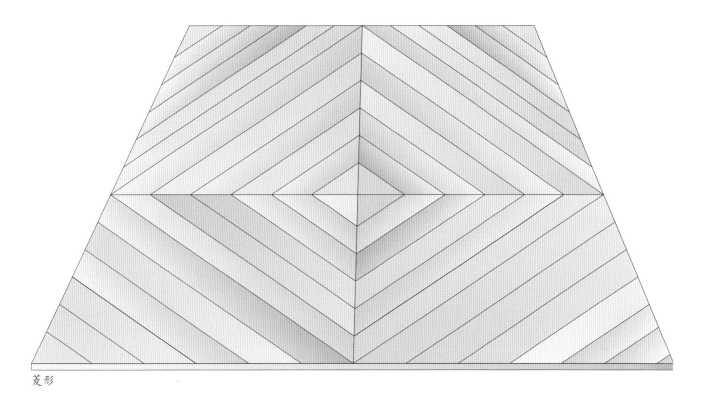

菱形

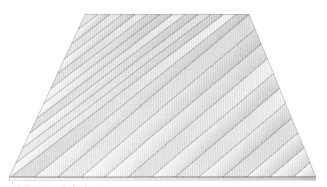

斜线形，对角线形

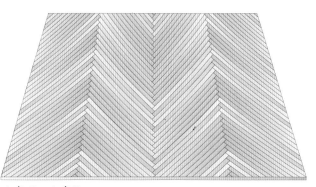

人字形，人字纹

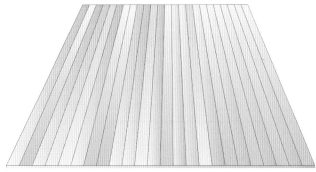

与房子垂直

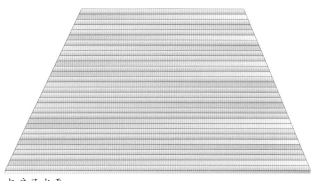

与房子水平

栏杆

栏杆规格对房屋风格很重要，比如说栏杆的高度、栏杆底部和露台之间的空地面积以及栏杆之间的间距，这些细节都会影响你房屋设计的效果。

除了能起安全和保护的作用，栏杆还起到装饰作用。木栏杆是最常用的栏杆类型，但它们也仅是众多选择中的一种，你还可以考虑有机栏杆或钢化玻璃栏杆。

图1 这些金属零件是预先安装形成的固体装饰性栏杆。为起到高档效果，使它们与宽大的柱子连接。

图2 使用这种乙烯基栏杆表面是为了保持自由风格，所以无需喷漆。

图3 该曲线由这些紧密的金属栏杆组成，使得露台与柱子形成的直线对比柔和。

图4 这些装饰玻璃栏杆映衬着美景，能毫无遮拦地看到四面环山的风景。

图5 该金属栏杆体现出来的效果与木栏杆组表现出来的截然不同，增加了个人色彩。

图6 像这样的面板更严格要求外观，而非安全度，它们一般用于月台中露台的底层。

图7 完全透明的有机钢化玻璃面板不会影响外观，就像这一款这种现代栏杆与当今流行的家具和建筑风格很是匹配。

图8 从抬高的露台上看，水平金属管能使得这些林地看起来外观更好。该栏杆持久耐用，高雅时尚，并且免维修。

图9 细长栏杆体现栏杆朴素的风格，此款经典设计适用于任何一种露台。

在不同种类的栏杆中，竖形栏杆最为常见，介于宽柱(如图所示)之间的细长形栏杆是最时尚的设计之一，圆杆头使得整体风格更加精致。

水平栏杆一般不采用木质材料。经常使用钢条或管子，这种设计能很好地将钢或铜用于当代风格房子的露台。

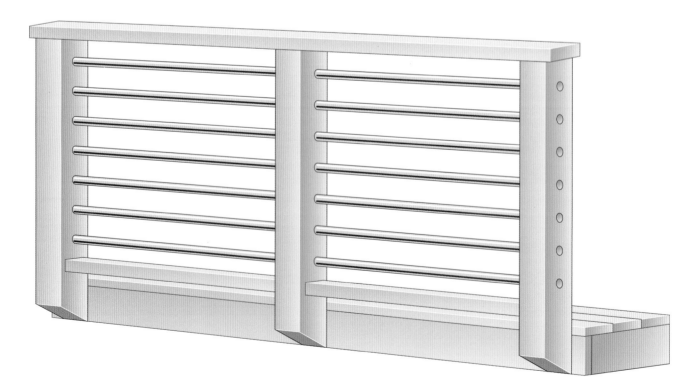

晶格栏杆能在不完全封闭的露台的情况下，依然能拥有良好的私密空间，
细长而又纵横交错的面板设计使栏杆的装饰作用多于实用性。

壁挂式的栏杆采取完全封闭的设计。围绕着露台，既有效地保护
了你的隐私又防风，这坚实的栏杆使房屋和露台一体化，看起来
更像一个真实的房间。

梯子

梯子能起到内院入口的作用，并连接多级露台的各个部分。你可以将一个楼梯平台设置在一个长梯中间，把它一分为二，这是一个很有创意的设计。楼梯平台同时也能方便转变楼梯方向。在设计露台的时候决定希望梯子放在哪儿，因为它们最不能离院子太远。同时，选择楼梯垫的款式或选择楼梯底部款式，比较时尚的选择有加盖混凝土和石板铺路。

④

⑤

⑥

图1 从露台边上一直绕圈，直到与露台底部呈90°角结束。需要注意的是这些楼梯很难延伸到院子里。

图2 实用、精美，且节约空间，这种螺旋钢管楼梯将一楼的阳台与庭院和远处的草坪连接了起来。

图3 喷上与墙面一致的暖黄色调，这些赤色板实体楼梯也适合西班牙式庭院。

图4 这种短型宽式楼梯连接露台的上下部分。

图5 对梯面和喉板喷上不同的颜色，这能使这种膨胀楼梯看起来轮廓迷人。它将露台与游泳池相连，然后连着庭院。

图6 省去梯面之间的喉板能让楼梯有一种开阔的感觉，对踏层上色使得和栏杆相匹配。

露台外围

　　露台外围装在露台和地面之间。它们环绕露台四周,从而装饰露台外观并防止动物的进出。通常用于接近地面的露台上最为常见的材料是晶格,这种设计在允许空气流动的同时,为露台外观装饰上提供了个不错的选择。如果你想从露台下面的空间进入(也许用于储存),只要简单地设计一扇门,或者在露台外围开个门即可。

图1　竖直的外围能使这种低水平面的露台看起来距地面更高,能让周围空间看起来更加整洁,且垂直线与对面木板的水平线对比,显得极具层次感。

图2　这里选择一面石墙作为露台外围,能使这种结构拥有一个坚实的外观。

图3　在棕色的映衬下,这种外围在露台中显得朴素,设计的重点在于把楼梯和栏杆涂亮。

图4　一些简单的条形木晶格是用来覆盖露台与地面之间所有空旷的区域。该晶格的开口处可允许空气自由循环。

图5　横板突显出长露台,使视觉直达楼梯。这种外围设计也使露台看起来非常坚固。

④

⑤

隐私墙

为了保护隐私，使用高的填充墙代替栏杆，你无需在露台四周全部装上隐私墙，仅仅只需根据自己的需要安装，挡住视线的一侧或两侧。例如浴缸的旁边或能把你暴露在邻居众目睽睽之下的地方，同时隐私围栏效果也不错，就如晶格遍满花藤。如果你使用的材料和房屋一致，那会让露台看起来像房子的一部分。

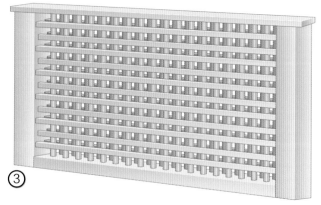

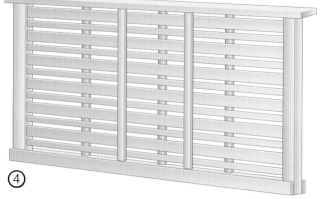

图1 这种晶格隐私隔墙/窗置于一个垂直栏杆之上，为的是突显两种不同的风格。

图2 简单的晶格板置于栏柱之间创造了一个有效的又不完全遮盖自然光的隔墙/窗。

图3 三层大小不一的木条交互形成一个立体形状，其复杂而又精致的设计能瞬间抓住眼球。

图4 在这种设计中厚薄板相互间隔，从而使气流和阳光穿过窄板条。

图5 格子只置于露台的一边，这么做是为了保证整体的需要。

图6 这种结构拥有一般房屋的所有结构。庭院作为地板，凉棚作为屋顶，隔墙/窗作为墙壁。

图7 这些模糊的隔窗/屏幕能使洗澡的时候，不再担心暴露隐私这一问题。它们是代替木质材料的不二选择。

⑤

⑦

⑥

庭院设计

　　设计优美的庭院可以奠定整个外部空间的风格，并且彰显出你独特的个性。从庭院外观的装饰到色彩缤纷的花园地面再到平静的水面，这一切设计都能显示出院子的与众不同。细节设计是有必须要考虑的事情，比如决定如何使用空间，把庭院布置在哪儿，想要把哪些空间连接起来，想要使用哪些材料等。你无需立马把所有东西都建好。一旦你有了计划，你可以根据你的预算来按区域建设，最后让树木和其他植物融入进来。

　　灵活性是庭院设计的一大优点。除了房子和院子的形状、大小和设计之外，还可以给庭院添加额外的功能。如果你有足够的空间和预算的话，可以设计一个豪华、设施齐全的庭院，使它与厨房连在一起，一出厨房就可以就餐，那样的室外就餐感觉是非常棒的。当然，使用简单方便的钢筋混凝土石板也是一种巧妙的设计方式，它们可在户外增加座位又无需占用太多的空间。

　　把庭院在房屋的前后或侧面建造起来，都是可行的，你需要考虑的是让它融入你房屋的风格。你可以把它置于前门迎接客人或建在后院种满花草树木搭配上流水系统。你还可在游泳池旁边安装庭院用来扩大休息区。你如果喜欢安静，也可把庭院建在静僻的地方用于个人休息。

　　大型的庭院可以有许多极具特点的附属物，诸如砖、披萨烤箱、拥有层次的花和饮水坛，这给你的庭院带来了美感和舒适感，但也有那种设计简单朴素，同时又能满足你需求的庭院。你的庭院可以坐落于树荫之下或花丛之中，座椅巧妙的布置也可让你充分享受户外时光。考虑到庭院是不断更新的，你可以经常添加一些新的植物，顶部结构或其他娱乐设施。如果你的改进让人觉得越舒服和越巧妙的话，它就越能吸引人们到户外去，无论是计划好的派对或是自发的聚会。

左图　砖、岩石、钢筋混凝土完美地融合在一起而建造出的多层次现代庭院。有着可收回的遮棚，覆盖着座椅，旁边种满了色彩多样的植物。

下图　抬高的庭院可以在舒适的户外看到整座城市的全貌。

庭院选址

　　落在屋前或屋子旁边的庭院，给人的感觉要美观，并且使路上的行人可看到你想突显的风格。如果你想看到经过的邻居并向他们打招呼的话，那么你得记住布景要开阔。种上树篱或装上篱笆在保护隐私的同时，也可减少从街道传来的噪音。

　　前门庭院既可以用来欢迎访客也可把客人带入屋内。这些庭院也让你的前院充满生机，成为一个吸引人的社交场所。如果你的前院放不下庭院，那就把你车道改成庭院，改变外观，旁边种上花也可加上小树，很快你的车道就会变成让人惊艳的庭院。

　　屋边与小道搭配起来有意想不到的效果，这样设计既连接了前后院或侧院，又靠近厨房或大厅，可用来作休息的地方。

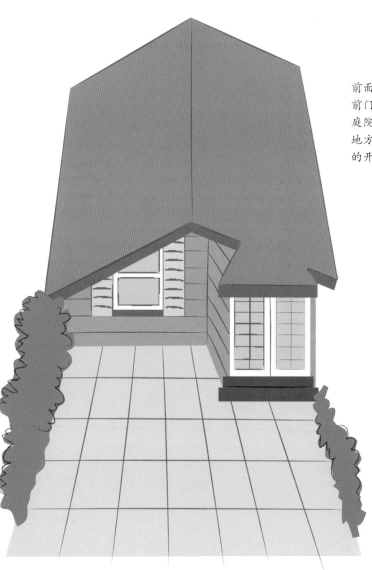

前面的庭院用来迎接客人并引着客人进入屋子。像大多数的前门庭院一样，这个庭院很宽，每边都有景观。倚靠房子的庭院台阶通向前门。如果有足够的空间用于休息或者在这块地方摆盆栽植物，会看起来更美。这样的设计尽量保持庭院的开阔，不阻挡视野。

这条车道也用于庭院。可用压印或装饰性的混凝土柔化车道。使它们够坚硬去承载车辆。比起典型的建车道的材料，使用冷的混凝土板或沥青的庭院车道更有一种温暖的欢迎感。这条车道庭院的旁边也适合种些植物。

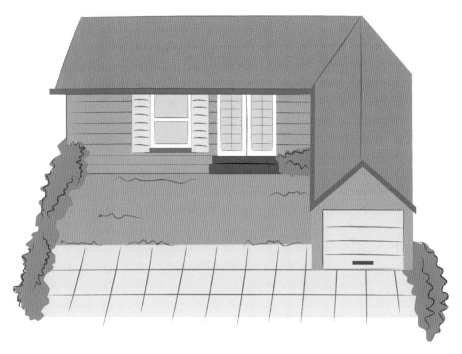

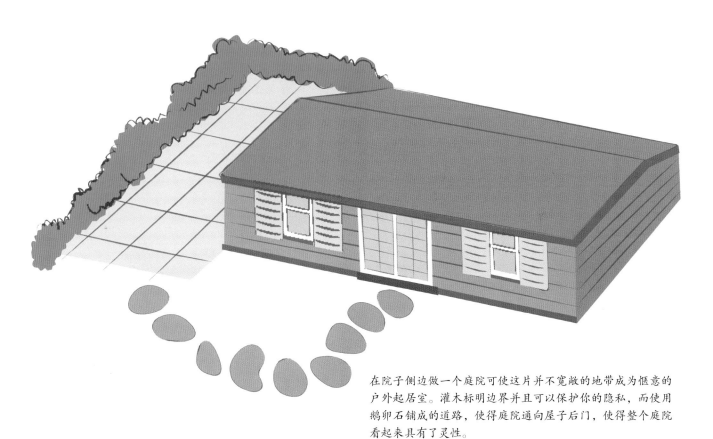

在院子侧边做一个庭院可使这片并不宽敞的地带成为惬意的户外起居室。灌木标明边界并且可以保护你的隐私，而使用鹅卵石铺成的道路，使得庭院通向屋子后门，使得整个庭院看起来具有了灵性。

建在里面或外面角落的庭院使屋子看起来更大，也使得空出来的空间变成娱乐休闲的地方。一般来说，我们会在一个角落建个庭院或沿着房子做一个庭院。想要一个更开阔的庭院，就把庭院建在后方。庭院大小、各种材料和装饰都可以由你自己来设置。如果你有泳池，则围着它建个庭院用于烧烤及其他活动。

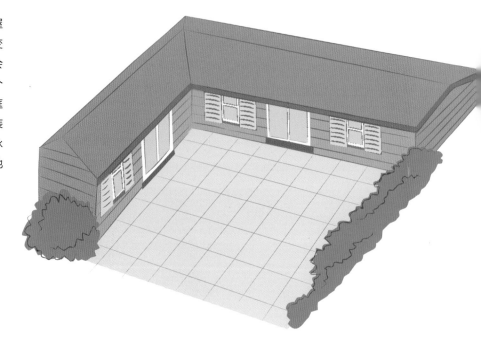

"L"型和"U"型的屋子有内角，利用这点可以建出极好的庭院。这个内角庭院横跨屋子两边，连接两扇门。两边的庭院连着屋子，可以更好地保护你的隐私。

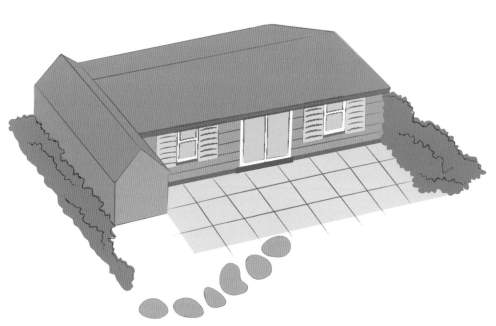

像这样的后院庭院是最受欢迎款。由于后院占屋子的大部分，庭院也相应有很大的空间。依靠着屋子后面的坚固地面可以用于修建花园、水设备和小道。

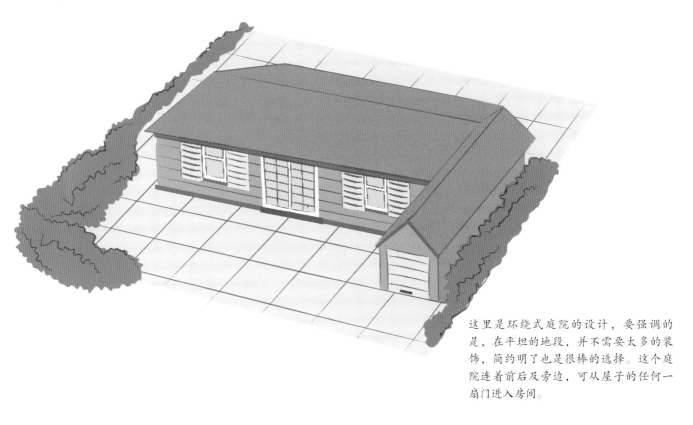

这里是环绕式庭院的设计，要强调的是，在平坦的地段，并不需要太多的装饰，简约明了也是很棒的选择。这个庭院连着前后及旁边，可从屋子的任何一扇门进入房间。

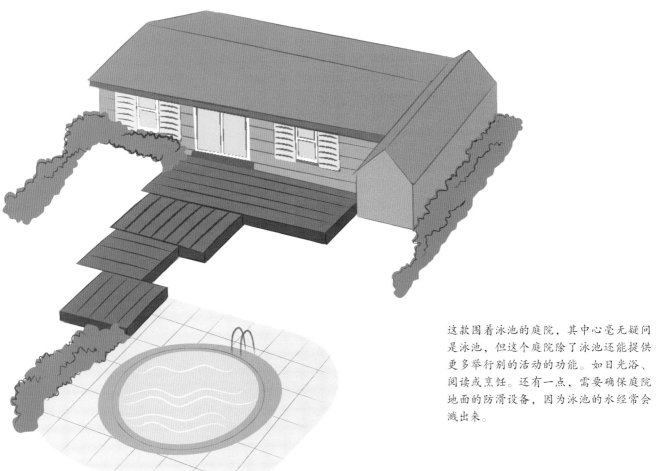

这款围着泳池的庭院，其中心毫无疑问是泳池，但这个庭院除了泳池还能提供更多举行别的活动的功能。如日光浴、阅读或烹饪。还有一点，需要确保庭院地面的防滑设备，因为泳池的水经常会溅出来。

不是所有的庭院都必须连着屋子或在地面。也可以在有限的小地方，在阳台或用树和植物那些较高的空间以及可承受额外重量的地方建庭院。有不同阶层的院子，可建多层庭院和阶梯及人行道。

每层都可以有不同的功能。（如最上层是吃饭的地方，底层用作游泳）也可多层用在一起，做成多层花园。分隔的庭院可完全不在屋子边上，能建在院子的任何一个地方，作为私人放松的地方。

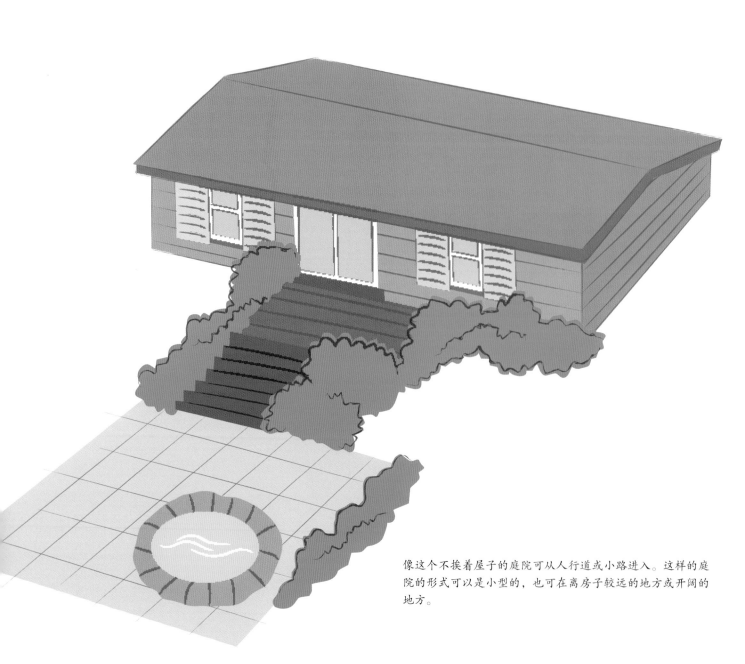

像这个不挨着屋子的庭院可从人行道或小路进入。这样的庭院的形式可以是小型的，也可在离房子较远的地方或开阔的地方。

沿着这个房子的车库顶是建庭院的好地方。有大量空间和不错风景。边沿的围杆保护安全，一些植物和装饰使空间个性化。这种庭院即不妨碍看风景也不会占用宝贵的草地。

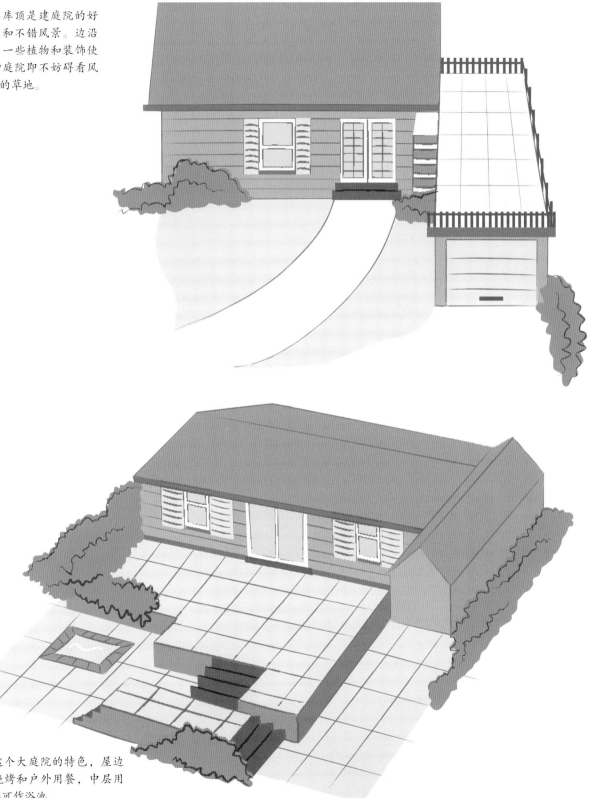

不同的层次显出这个大庭院的特色，屋边的空地非常适合烧烤和户外用餐，中层用作个人空间，底层可作浴池。

露天庭院

　　露天庭院就是坐落在有阳光的地方，你可以观赏日出和日落，也可以享受温暖的阳光和呼吸新鲜空气。从某种意义上说，建庭院也是为了体验大自然，并尽可能地体会大自然最真实的一面。当太阳炽热的时候，你可以在院内放上一把伞或可移动的遮棚。

图1 这个院子沿着屋子的后部，它足够宽敞，能在靠近壁炉的地方摆放吃饭用的桌椅。

图2 这个围着泳池的院子，给人一种开阔的感觉。椅子和盆栽植物分散摆放，会显得不拥挤。

图3 这个院子设计坐落于朝阳面，不会有树和悬挂植物来干扰视野。屋子有一扇双面大门通入院子。

图4 尽管这个植物蔓生的院子空间很开阔，可放一些其他东西，但只放一把折叠椅用于庇荫就足以。

图5 这个围住屋子两边的院子可让人在此尽情地沐浴阳光。

图6 矮墙和树围分布在这个钢筋混凝土的院子里，却不会遮挡头顶的景色。

图7 这种有着游泳池的庭院经常采用的是露天式的设计。长在泳池边的树木给庭院提供了庇荫场所。

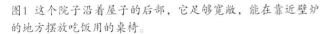

封闭式庭院

封闭式庭院的设计至少有一部分是用于遮荫的，也就没必要进屋内庇荫了。这种院子不一定就是完全封闭的，只是说顶部有些遮盖物。延伸的屋檐，房屋上部结构和安装的遮棚都是给院子遮阳挡雨的有效选择。院子地面通常会延伸到户外，想晒阳光的时候可以移到那去。

图1 这种双层建造露台给下面的钢筋混凝土院子以很大的空间，同时这种露台几乎围住了整个庭院，提供了很好的庇荫场所。

图2 高架露台围住了庭院的一部分。座椅摆放在屋子旁边的露台下。

图3 这个可看到海景的阳台是庭院的理想设置地点。三边和上部的墙，围住了这庭院。

图4 这个庭院部分封闭，部分露天，正好处在上部露台的下方，露台用来挡雨，使得其不需要再添加其他设备。

图5 尽管上部露台不防雨，但给庭院提供了一个天花板。

图6 这个庭院上部是密封的，但阳光可以照射进来。

④

⑤

⑥

庭院地面

地面作为院子最显眼的一部分，也决定了院子的基调。砖和石块给院子一种正式的外观,其他材料如多彩的钢筋混凝土和松散材料则带来一种无拘束的感觉。设计你想要使用的材料，然后决定你想要这些材料创造出什么样的效果。你可以用砖和混凝土铺设直路，或是用不规则的石头做出随意点的路。

图1 镶嵌的蝴蝶给院子一种奇异之感，奠定一种轻快的基调，这种颜色搭配效果很好。

图2 缝隙中填有石子的地面，把泳池边的院子分为几个更小的部分，让交织的缝隙有了与众不同的风格。

图3 院内混凝土的台阶连着低处的石头路，石子给人一种不那么拘束的感觉。

图4 光亮含育小石子的灰泥面砖是现代设计和家具的理想选择。

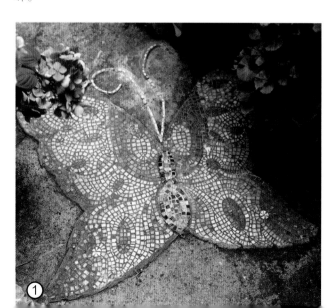

图5　古色古香的砖让这个庭院有一种田园般的外观。像这种砖可以使庭院和路看起来有几十年的历史韵味，即使砖还是新铺的。

图6　这种连续不断的地面，而不是几块小部分简单地连在一起，营造出一种时尚之感，使这块地方显得更宽大。

图7　地板自然的色调不会与中间的泳池在视觉上发生冲突。

⑥

⑤

⑦

庭院墙砖样式

　　墙砖样式称为砌合，有简单的也有复杂的。有的可以营造一种精细的设计并成为院子的焦点。有些样式和大的正方形地面搭配效果好。其他的那些可以用于小的不规则的庭院。如简单优雅的网篮用于大庭院效果好，而直线顺砖砌合式样则适合小庭院，这样会使它们看起来更大。有角的交叉缝式的砖可用于庭院不同的地方或贴在有人行道的地方。

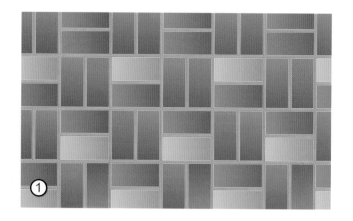

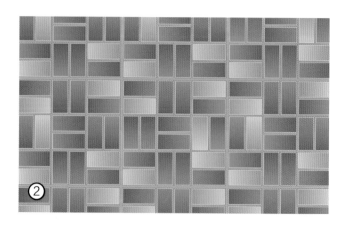

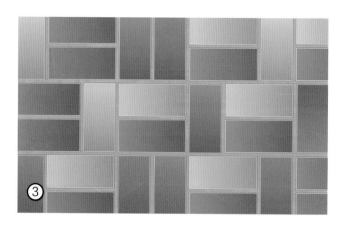

图1　网篮

图2　不同网篮

图3　半网篮

图4　梅花式砌砖法

图5　交叉缝式对缝砌法

图6　交叉缝式

图7　风车法

图8　对缝砌法

图9　对角线直线顺砖砌合式

图10　层层砌法

图11　顺砖砌法

图12　圆形砌法

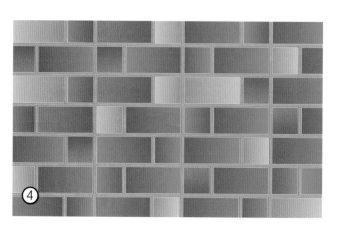

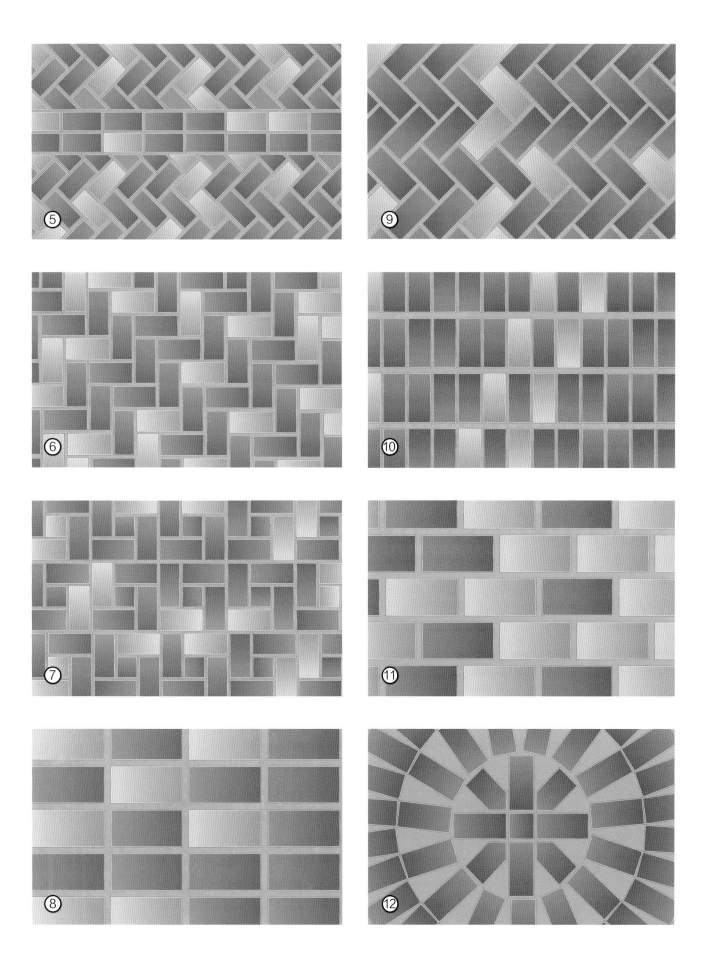

阶梯

　　打开庭院的门，走几步台阶，然后就能到达一个美丽的庭院，这是一件很愉快的事。楼梯在连接各层庭院上起了很大的作用，能把庭院和门或把庭院和露台连起来。混凝土阶梯极受欢迎且与各种装饰都能相衬。而石块和砖在院内则是做短阶梯用的。带有彩色装饰的栏杆或纺锤形立柱的栏杆，会使楼梯不单调而且有特色。

图1 这些暖红色的楼梯与屋外相衬，多种颜色的花盆标明界限。

图2 这优雅蜿蜒的楼梯成为这个豪华庭院的中心点，明亮的栏杆与石阶互补互衬。

图3 双重阶梯能让人很方便地到达两边的设施。每个台阶有自己的灯。

图4 在每个阶梯安上金属条不仅可以保护台阶，也增加了一种装饰美。

图5 这个院子的挡土墙和庭院都是用石板建的，因此很相衬。

图6 线条分明是这个院子的特色，其阶梯也一样。阶梯的扶梯为玻璃，可看到混凝土做的台阶。

图7 曲形阶梯的特色在于装饰的栏杆，杆子帮助承载扶手的重量。

边饰

边饰不仅只是装饰院子，也具有实用性，可以稳固那些易松动的修建材料，如沙石、木片。同时可柔化从庭院过渡到院子带来的层次差距感。庭院和边饰使用相同材料可使对比度温和，用完全不同的材料则使对比明显。

这里有许多材料可供选择。某些材料比另一些更适合用于那些特定的庭院。如砖与直线或渐变曲线搭配效果更好，而混凝土和塑料则可裹住任何形状。

图1 这个铺路砖围着这个院子，砖和院子表面的砂浆把院内的装饰统一成整体。

图2 混凝土带状边饰非常清晰，与面砖间隙的风格相似。

图3 这垂直设在庭院地面周边的砖石边饰，与做庭院的材料相衬，使庭院到院子有个清晰的过渡。

图4 倾斜垂直设置的砖给这个边饰一种有趣的视觉效果。

图5 几乎看不到的小塑料边饰很好地融入于整个设计之中。

图6 木质边饰给这个院子增添一种乡村元素。这里短杆扎入地面做成了地基，木板纵长上放上钉柱，以营造一种完整的视觉。

图7 大石块或大卵石填在庭院的一些地方可加强景观元素。若有其他特别好的大卵石在院子里，可以让这些边饰更加突显。

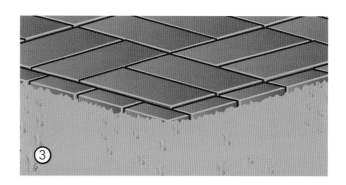

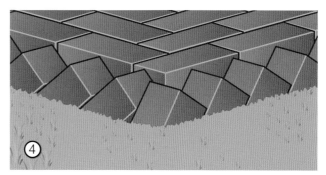

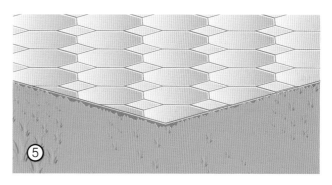

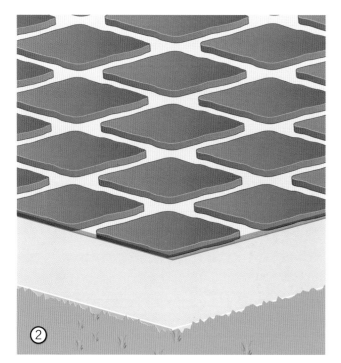

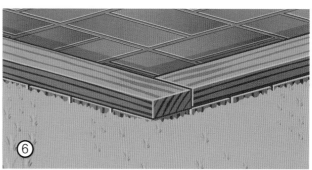

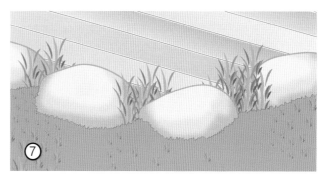

挡土墙

挡土墙最适合用在泥土做的院子里，用于保护院子的土壤。把挡土墙设在斜坡上然后在其后面填上泥土，为喜爱种花的人士提供一个很好的花圃，也可用挡土墙营造多层庭院，使院子成阶梯式。砖、石块、混凝土或木材可使挡土墙美观，也可给墙上漆，使之与屋子和院子的其他元素相衬。

图1 上层庭院落在挡土墙的一端，有着低层游泳池的日光露台在另一头，墙上顶部的拱顶石给庭院一种完整的感觉。

图2 粉刷过的明亮挡土墙，使整个庭院不但美观而且实用。它既与现代家具相配也和上面的绿叶很好地融合。

图3 屋边巨大的挡土墙把底层庭院、瀑布以及泳池分隔出来，第二道墙围出了一个花园。

图4 挡土墙使用了和院子同样的石块，使之与院子的曲线相一致。

图5 三个层次的石头挡土墙给这个院子增添了层次。同样的石头也被用在了泳池栅栏上。

小路和人行道

　　小路或人行道用于连接院子的各个区域或用于指引人进入院内。可让小路迂回弯曲营造一种悠闲感，也可让它与院子其他元素相连，如庭院、有水花园。建路时选用和庭院地面相同的材料以保持一致性或仅在间隙处放置歇息石，并种上草营造一种自然感。当然，踩出一条临时的路也是可行的。

图1 让院子中的巨大石板保持适度的距离以便行走，但不要大到可以生长植物。

图2 通往庭院的路指引人们到这个花园，既方便又无需踩踏植物。

图3 中间有灰浆的石板铺成这条小道，木质的挡土墙沿着小道像一座桥一样。

图4 这条小道由大的平滑石块建成，通向覆盖藤蔓的乔木。

图5 微曲的砖路穿过修剪的草坪，表现出一种迷人的弯度。阳台边的歇脚石通向树林。

边沿

　　在你的庭院设计边沿可清晰标出界线，设计边沿是把庭院和院子其余部分以及邻居房屋的界线分开的简单方式。边沿无需用相同的结构，有规律地在周边植树就可以标明界线，同时也让视野开阔。另外，也可以用篱笆或墙把庭院隔离开。

图1　齐腰高的簇叶分开庭院，把用膳的地方和其他地方隔开。石头挡土墙蜿蜒地绕着庭院边标明界线。

图2　中间砌有灰泥的高石墙放在庭院的边沿，而两块高的石墙标记庭院的周边。

图3　一层层花装饰着石块庭院的边沿，灌木的最外沿修剪成了统一高度。

图4　几个边沿绕着庭院，盆栽植物作为第一排，接着是中等大的混凝土墙，再接着种植上高高的细长植物，这样设计提供了很好的屏障，维护了你的私人空间。

图5　修剪过的树篱前面是种有植物的陶瓷盆，后面有不锈钢篱笆，使这个庭院有3个外沿。

图6　一排树标明庭院的边界线，而屋子自然而然地界定出前端边界。

篱笆

篱笆有许多用途：可以保护隐私，保护在院内玩的孩子们的安全以及挡风。有多种篱笆材料的选择。木质材料是受欢迎的一种，一些铝材料和乙烯基塑料材料的篱笆也很受欢迎。你也可种些树篱和灌木用作篱笆，这样会使得你的院子显得更有生气。

篱笆可以顺着院子的层次，放在贴近地面的地方，或分成几块。这样不但可保持篱笆的高度而且也可给篱笆和地面留下适当的空隙。

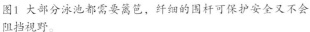

图1　大部分泳池都需要篱笆，纤细的围杆可保护安全又不会阻挡视野。

图2　红蔷薇缠绕在木格子篱笆上，使得看上去色彩丰富，这种蔷薇还有个特点，蔷薇会随着生长而布满整个篱笆。

图3　这些花盆后有个木架，藤蔓可沿着木架生长。有垂直栏杆的一部分篱笆，显出一种与矮墙不同的美。

图4　篱笆杆上的灯在晚上给庭院照明，未上漆的板条有复古的感觉。

图5　格子篱笆看起来很美，就像这个种有花的庭院，中间的篱笆围绕着顶部，结合一个圆形设计再加上了装饰的冠状物，使单调的篱笆变得漂亮。

图6　顶部含有钢筋的篱笆砖墙，围绕着庭院而不会阻挡视野，花园墙种植的仙人掌给整个庭院增添了趣味。

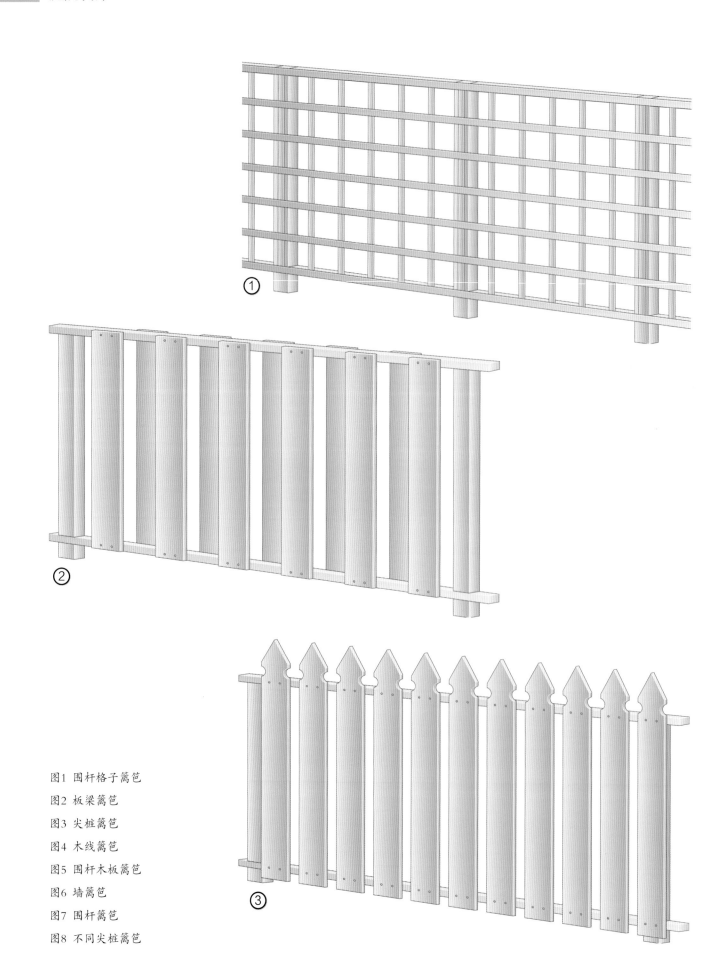

图1　围杆格子篱笆

图2　板梁篱笆

图3　尖桩篱笆

图4　木线篱笆

图5　围杆木板篱笆

图6　墙篱笆

图7　围杆篱笆

图8　不同尖桩篱笆

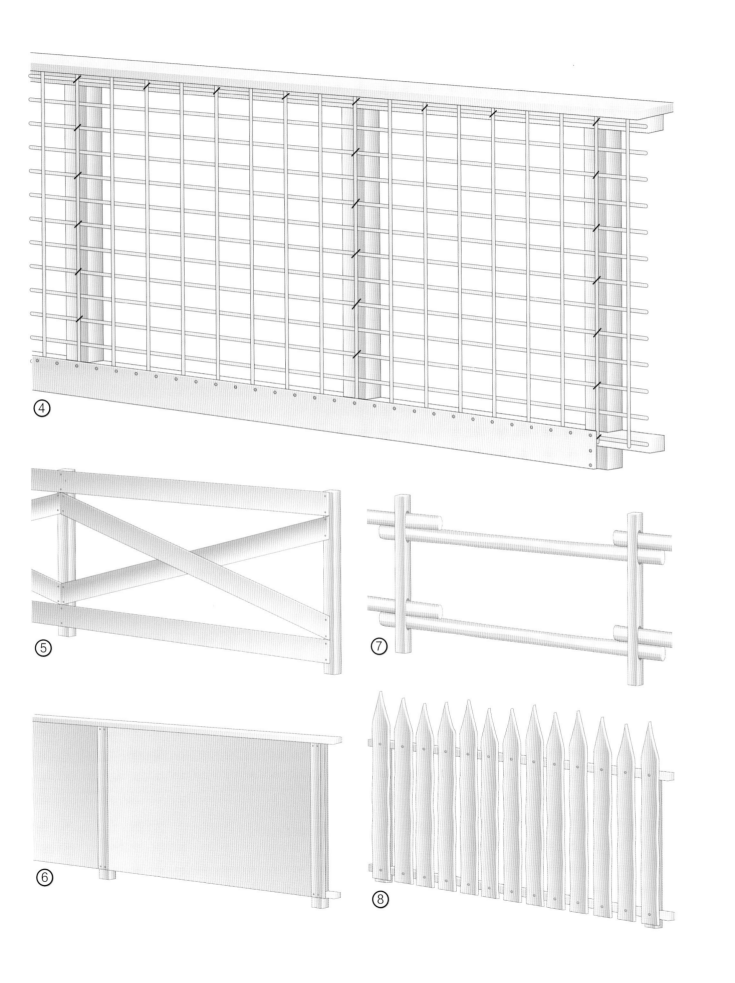

墙

庭院的墙一般由砖建成，并出于保护隐私，防风和装修考虑会沿着院子的一边或多边堆砌。制定好你要建的结构以满足你的特殊要求。

如果你希望你的墙充满生机，可以种些常春藤或攀援植物，那些围墙使用相同的颜色、特性的材料，使其融入庭院。

图1 院前的矮墙正好可托住花盆植物，后院的墙出于隐私和安全的考虑建得更高。

图2 周围的光线突显出墙的内置设计，给院子一种三维立体感。坚固的围墙可使周围休息座椅不受风的打扰。

图3 院内的高墙用于保护隐私和挡风，内置的座椅漆上了与墙相配的颜色，抱枕也是相同的暖色调。

图4 白色高墙围住了这个后院，藤蔓从墙院的网格上爬过。

图5 这面弧形的墙由许多石头堆砌而成。把院子和另一边的树林隔开了。

图6 细长的林木使墙显得不那么刻板，石子路连接着院子，使其成为别有一番风貌的石子花园。

图7 这座高墙把院子和周围隔开，挡住了周围的房屋，既减少了噪音也可阻挡阳光。

砖石墙是用砂浆法或无砂浆堆砌法做成。前者是建筑最常用的方法，适用于高墙，而后者是指在不用砂浆的情况下把砖或石块一层叠一层地堆高起来的，一般在室内，用无砂浆砌的墙高度不超过膝盖，并且有时会在墙后砌上些土，以防被撞翻。根据墙的高度，考虑你想要砖墙还是石墙。或者你是希望你的墙是直线少的随意的形状和大小也可以。

图1 红色黏土无砂浆砖墙

图2 鹅卵石砂浆砖面

图3 无规则砂浆砖面

图4 浅色石块墙

图5 标准黑色石墙面

图6 有色大小不一墙面

图7 无砂浆堆砌墙面

图8 石块和石子堆砌成的有砂浆墙面

图9 平板石有砂浆墙面

图10 平板石无砂浆墙面

图11 无砂浆堆砌不规则墙面

图12 密平板石墙

花园

　　无论花园是狭小的温室还是开满鲜花的空间，都是庭院必不可少的一部分。花园给户外带来鲜艳芬芳的同时也带来蝴蝶和鸟儿。蔬菜和草本花园也是一个受欢迎的选择。有土的地方都可以做花园，你应该会有足够的空间来设计花园，照顾你的植物将变成一件愉快的事，并且不需要特别专业的园艺技能。

图1 小的花园建在庭院的游泳池旁边，有效地把植物和石面融合在一起，泳池后坐落着一个更大的花园。

图2 繁茂的花园围绕这个后庭院，院内阴凉处放有长椅供人们休息娱乐，给人以热带般的视觉和感觉。

图3 灌木沿着铺有鹅卵石的庭院的边缘生长，而花和幼苗则种在屋子旁边的花盆里。

图4 有几种大小、颜色和类型的植物的花园，使这里成为了室外的焦点，茂密的树叶也为人保护了隐私。

图5 在车道和人行道间的花园很好地利用院子这块狭长地带，这个花园沿着圆形车道，直的人行道也成为庭院的一个自然边界。

图6 院子和护土墙之间给边沿花园留有足够的空地，墙后的泥土和泳池边的抬高花圃都种着植物。

抬高花圃

　　建于地面上的花坛可以是任何形状、大小，也可以建在你庭院的任何地方。因为花圃的肥沃土壤为鲜花提供了一个极佳的生长环境。抬高的花圃通常是和护土墙连接在一起，这样便可护住泥土。石板和木材是建抬高花圃的理想材料。

图1 明亮的色彩和多层次的花圃让庭院富有空间感，使庭院外观呈现出层次感。右边抬高的花圃与庭院相互映衬。

图2 围着院子建花圃使院子仿佛被"活着的"墙围绕着。

图3 抬高花圃是种高山植物的理想之处，建于岩石庭院园最好。这是由于它们都有良好的排水特性。这个圆形花圃给平淡无奇的石铺路增添了静静的美感。

图4 垂直的木质槽突出了花圃的高度，花圃围绕着庭院的外沿。

图5 这个花圃不是非常高，但是与地面保持了足够的高度，给植物扎根留有了足够的空间，宽大的顶石墙是这个结构的点睛之笔。

带露台的庭院

　　融合了露台的庭院给你带来了最好体验，抬高的结构给你一种难忘的景色，底层则可让你在花园、泳池和嬉戏的地方尽情玩耍，顶部的露台可为下面的庭院遮阳挡雨，而连接着露台的庭院为一些有如喷水池、花坛的基础设施提供空间，而这些并不适合建在露台。计划好空间，以便露台和庭院相互贯通，方便来回进出。

图1 和庭院连接的木质露台对应游泳池，而庭院直通水面。

图2 这样的户外几乎有着你所有要求的特点：有着玻璃栅栏的抬高的露台，休息的庭院，一个有着内建花园的庭院，热水管和游泳池。

图3 遮棚下面高于地面的露台提供了遮荫的地方。旁边是围着庭院的游泳池。

图4 这种露台连接着屋子，从后门便可进入，用作聚会场所再好不过了。庭院和沿着露台的过道与露台的外形相一致。

图5 楼梯把抬高的露台和庭院连接在一起，露台用于接待客人，而庭院有花、喷水池和长椅，是个休闲的好场所。

露天材料

　　适合做露台的材料多种多样，大多数人首先就会想到木材，因为他们认为木材是最合适做地板的材料。人们使用木材的历史已经有好几百年了，但是，即使在木材种类中，可供选择的种类也有很多，比如鲜亮外观的红杉、诱人木纹的雪松。另外，还有人工加工的木材，它的价钱很实惠，但要注意的是它的外表并不如天然木材美观。如果你不想每隔几年处理新增的污点和油漆，那么，这里有一些免保养的选择。木材复合材料可模仿实木的外观，但从不需要维修保养。乙烯基塑料有一个极易清洗的光滑塑料表现。

　　天然木料因它的暖色调、美观，以及鲜亮色彩的格调，成为露台材料的常用之选。天然木料的不利之处是要定期维修，诸如脱落、染色，还有木料会碎料和腐烂。如果你想要一种免维修的替代木材，可以选择乙烯基塑料或复合材料。事实已经证明这些材料很可靠，而且它们有多种迷人的色彩和设计，你可以灵活运用到设计中。此外，它们从不需要刷漆或染色，并且装饰不会变形或开裂。

　　依据你将如何对你的地板进行刷漆和染色，有助于你选择哪种材料。如果你想给表面刷漆，搭配一些较实惠的木料种类，如加工木材、多节木料。但不论怎样表面都将要盖住。如果你打算使用透明或半透明的染色剂，那么你最好只使用一种木屑密封剂，这样才能够突出木纹，然后再搭配像红杉或雪松一类的优质的材料。

　　你也可以在地板上把油漆和染料混合在一起使用，你还可把围栏刷成鲜亮的色彩。

　　假如你想要色彩多样，但又不想刷漆，可以考虑固体染色剂。这些染色剂呈现生动的色泽，它能够渗入木料中，免受太阳辐射的破坏。这些染色剂也突显木纹，而又不是像漆一样仅覆盖在表面。

　　为了留住木料的天然色彩，使用能够保护表层免受阳光干扰的透明密封剂，是个很好的选择。

左图　在这个露台里布置的白色围栏，使这种朴素的地板设计增显活力。头顶，一个白色的藤架，在瓦罐里以及石凳花盆里种着花。

下图　装饰被布置在一个尖角模式里，上层地板和下层地板打造一个"V"型模式。

红杉

　　几十年来红杉一直是地板材料备受青睐的木材，尤其是在红杉生长之地——加利福尼亚。这种木材比大多数红木价格更昂贵，然而它的暖色调和艳丽的外表，在红木种类里是独一无二的。红杉有着迷人的木纹，以及它良好的防缩性，使得它几十年来都完好无损，并且它的纳污性很好。

图1 长条红杉木板铺在面积大，尖角状，有形的露台上效果良好。

图2 固体染色剂把红杉地板染成深色、红褐色。

图3 地板和凉棚使用华丽的红杉木，为整个空间营造一种温馨的景象和气息。

图4 染黑的红杉木装饰，包括增加的八边形部分，和刷成白色漆围栏上的红杉木顶部相匹配。

图5 被刷白漆的凉棚和围栏柱子，为红杉木装饰打造一个色彩互补的格局。

图6 中间栏杆简单的装饰，为地板增添特色和把人工制造木材柱子完美地结合在一起。

图7 红衫木装饰设在地毯区和餐厅区，这种布置使地板几乎看起来和正式餐厅不相上下。

⑥

⑤

⑦

雪松

　　雪松以其光鲜亮丽的外表，物美价廉，很好地代替红木而名声大作。雪松笔挺的木纹不仅使装饰看起来非凡动人，而且有助于保持木材竖直，不会合成杯状或弯曲。雪松天然就防腐和防虫蛀，表面装饰可以保持相当长的时间。此种木料可以和任何的建筑风格搭配，从古典到现代，因此它适合任何露台，对任何与之相邻的房间彰显优美。

图1　在露台上要使用密封剂而不是染色剂才能让雪松的自然之美大放光彩。

图2　多彩多样的木纹为雪松营造一个丰富的看点。

③

④

⑥

图3 在这里透明的染色剂彰显了雪松的天然暖色调。它的抛光面与任何房子侧面都相得益彰。

图4 有柱子和围栏的角度设计，为雪松创造了一个非凡的外观。

图5 半透明的染色剂有助于保持雪松木露台和凉棚的本色，且保护木材免受阳光直接照射。

图6 露台横栏、壁脚板、可嵌入的花盆以及观景亭都使用雪松木，这有助于把分散的建筑物连接为一个统一的整体。

加工木材

　　加工木材，因它的色彩也称作高压加工或绿化木材，通常加工木材用防腐剂加工以使木料防腐。许多表面的设计都可以使用加工木材，通常是柱子、横木、托梁。你也能够使用加工木材来装饰。它比其他的大多数木材更廉价，加工木材的地板被用在地上或接近地面的区域是最佳之选。加工木材防腐蚀性不高，因此随着时间的推移需要特殊的固件用来加固。

图1 加工木材和金属围栏使露台十分坚固，且匹配得当。

图2 围栏普遍都不会使用高压型木材，这就是制作围栏需要使用金属和乙烯基塑料的原因。

图3 露台的各部分，包括楼梯和壁脚板都直接与地面相连，加工木材用来保护木料受腐。绘画给露台披上了一件完美的外衣。

图4 在装饰上使用长木板防裂，让表层有一个连续的流动感。绘制的加工木材与围栏柱相配。

图5 漆成白色以搭配整个房子和室外家具，使得整个露台在栽种的绿色植物中大放光彩。

图6 让加工过的铁杉木材的天然纹路显现出来，使得在树木茂盛的环境下显得完美。

乙烯基塑料

　　乙烯基塑料是一种有光泽，似塑料的露台材料，除了偶尔用软管清洗之外，这种材料是不需要保养的。人们赤脚走在上面，根本不用担心碎片磨脚，在游泳池边缘装饰的乙烯基塑料持久耐用。而且表层不会和一些石头一样滑。几乎所有的乙烯基塑料装饰都使用一种隐藏的扣件，使用一个凸起和一个沟槽加固起来。同样，在围栏上相互连接的扶手，隐藏在扣件上。乙烯基塑料有很多颜色可供选择，白色和棕褐色是最盛行的颜色。

②

图1　为完美地突显对比色彩的设计，光亮的白色装饰和柱子与黑色的金属栏杆相结合。

图2　乙烯基塑料台阶给露台让出了一边的小径。乙烯基塑料装饰铺在一个尖角模型里，与露台台阶部分连成一行。

图3　这种乙烯基塑料装饰看起来与木材十分相似，但却无碎裂之忧。

图4　露台的灰色颜料看起来，比明亮的颜色与乙烯基塑料相连起来，效果更好。它也和砖石建筑的台阶相互辉映。

图5　坐落于树木阴凉之处的棕黄色的乙烯基露台，适合房子的整体风格，同时它还给庭院腾出广阔的空间。

①

复合材料

　　复合材料通常由木质纤维和塑料制成，复合材料装饰设计近似实木，使之具有类似木材的纹理。与实木不同的是，它并不会碎裂、受腐或扭曲，并且它不需抛光，还能防白蚁蛀。一些复合材料木板非常坚固，其他材料与其相比或多或少都有些许凹陷或罗纹。随着时间的推移，装饰能保持原来的造型，坚实而又稳固。各种色彩复合材料装饰可供你选择，因此你可随心所欲地设计你的庭院，而没有必要为刷漆或染色而大费周折。

⑤

图1 复合材料装与木料一起使用效果会显得别具特色，露台上，藤架里，露台柱子以及壁脚板都包含实木。

图2 此处，在不同的模式里设置复合材料装饰木板，以表达不同的特点。为了形成对比，露台的外面点缀着不同色彩的复合材料饰边。

图3 在露台台阶上重复的柔和曲线，它们全都是由复合材料制得。

图4 复合材料可以在露台上搭配不同颜色，如这里展示的装饰边、台阶踏板、装饰部分。

图5 这里抬高的露台、楼梯、地面用以通行，表面上看其是由木材构成的，但实际上它们是用一种黄褐色的复合材料建成的。

图6 复合材料露台在前边缘有一条细微的曲线，能为桌椅腾出更多的空间。

抛光、染色、刷漆

　　抛光、染色、刷漆都是常用于木制露台的修饰方法。露台建成之后，木料要等上一段风干时间，此后每两或四年依旧如此。抛光、染色、刷漆可防腐烂、发霉、腐蚀，使得露台长久不衰。它们也有助于防磨损痕迹和泄露，这些磨损痕迹和泄露会染污木料。密封剂、染色、刷漆给木料一个迷人的抛光面，鲜明的绘画与房子的外观相配，鲜亮的染色料彰显了露台的外表，使用透明的密封剂就能捕捉到了木料的天然纹理。

图1　露台上的装饰和横栏是由一种深棕色的染漆刷成，而围栏柱和底层横栏刷成白色。染色和刷漆让露台有一种诱人的双重基调的格局。

图2　所有的露台组成部分——装饰固定的长木凳，棕色的台阶，这种刷漆会使露台表面与房子的砖面相互交融。

图3 对露台的围栏和头顶的藤架来说白漆是最佳选择，因为白色引人入胜，透出一种光泽，清爽的感觉能够从灰色调中凸显出来。

图4 鲜亮的红棕色染料为露台构成了一个温馨的形象，这种温馨为冷色调的房屋以及游泳池添加了活力。

图5 露台和这里的家具颜色显得柔和，让花的基色发出耀眼的光芒。

图6 黄褐色染料很清晰地确定了露台的饰边，使露台成为后庭院的焦点。

清晰抛光面

　　清晰抛光面是由不含色料的密封胶形成的，这种处理不会改变木料的本色，并且起到保护作用，诸如水的侵蚀和太阳紫外线的照射。运用得恰当，清晰抛光面就可以排水。清晰抛光面可以密封木材并且防止发霉，它们还可以缓解风化进程，有助于保护木料的天然色。然而，需要注意的是，即使是清晰抛光面，木料最终还是会被风化。雪松木会变成银白灰，红杉木会变成深灰色。

图1　未加工红木

图2　清晰抛光面全部红木心

图3　清晰抛光面红木

图4　清晰抛光面红木心

图5　清晰抛光面二级红木

图6　清晰抛光面花园级红木

图7　未加工雪松木

图8　清晰抛光面建筑雪松木

图9　清晰抛光面传统型雪松木

图10　清晰抛光面建筑型多节雪松木

图11　清晰抛光面传统型多节雪松木

图12　清晰抛光面老雪松木

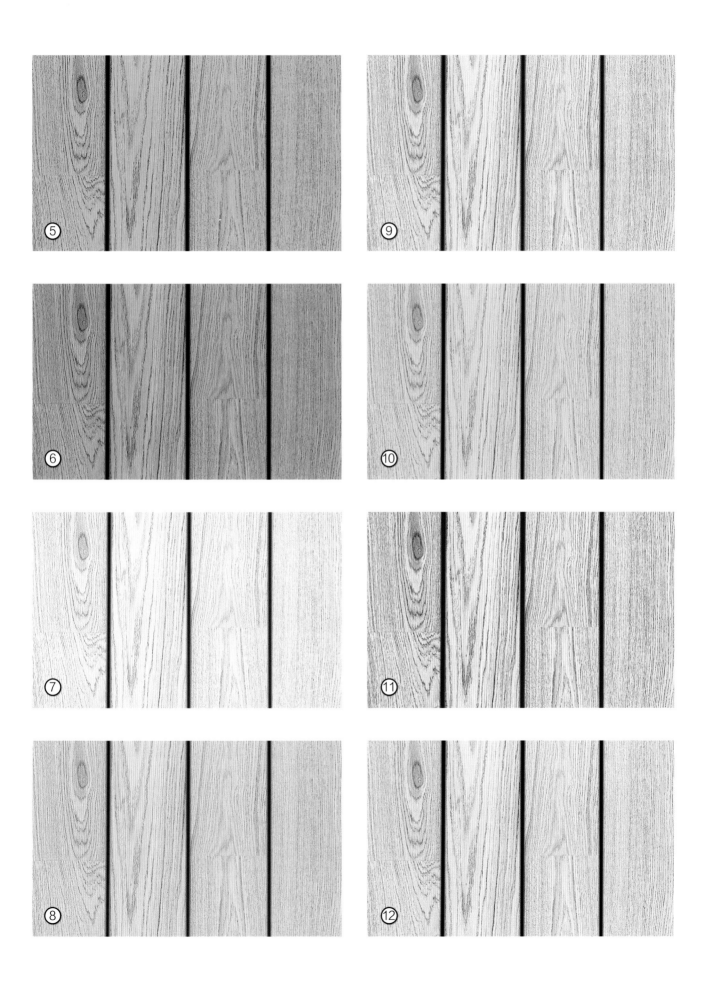

染色剂

染色剂是能够渗入木料中含有色料的抛光面，能防水和光照。固体染色剂包含更多的色素，形成一个比半透明模式更深层的抛光面。染色剂不会影响木料质地和木纹，但它们会强化或改变木料的颜色。棕色和红色的染色剂，可直接搭配木料的天然色。在书中116-123页画廊里所有的染色剂运用于雪松。

图1 橄榄木

图2 海滨灰

图3 栗棕色

图4 林地棕

图5 褐色灰

图6 天然雪松

图7 天然红杉

图8 炭灰色

图9 沙丘

图10 秋褐色

图11 赤陶土褐

图12 淡黄褐色

图13 结霜淡棕色

图14 红雪松色

图15 深褐色

图16 石板灰

图17 天然橡树

图18 黑红松

图19 黑茶色

图20 青苔绿

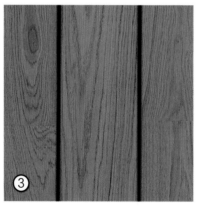

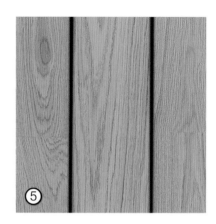

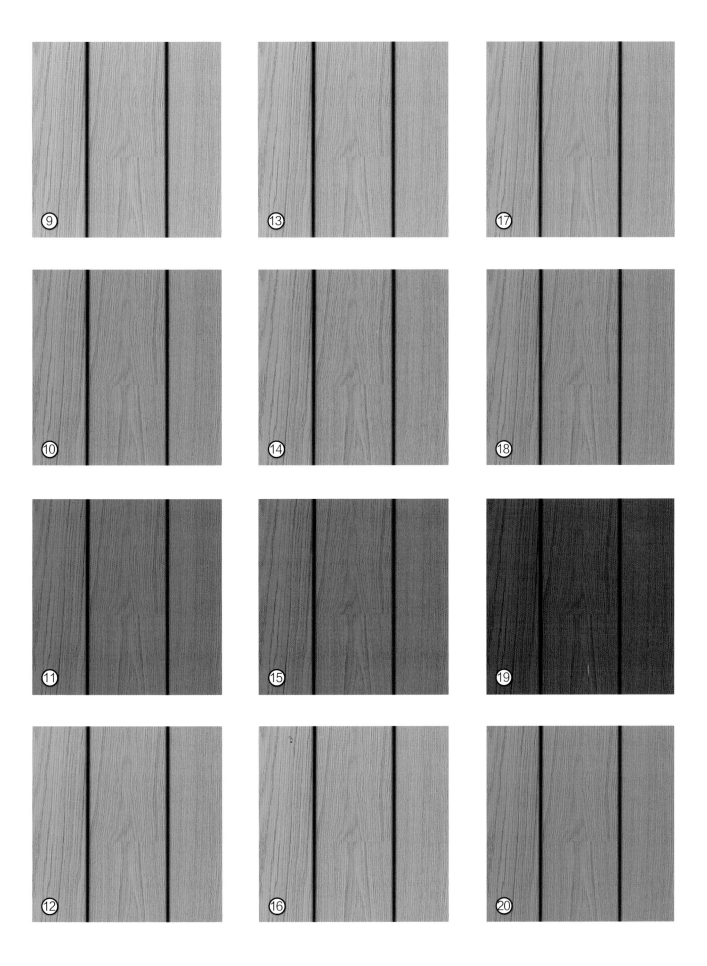

固体染色剂

　　固体染色剂，也被称作"不透明染色剂"，不在限于半透明的棕色色度；几乎在每一个可以想到的颜色里它们都可以起到装饰作用。染色剂给出的明亮感能够为任何房间的装饰添色。不像一些透明的密封剂，没有防止太阳紫外线破坏的效果。也不像油漆形成一层薄膜，黏在表层上。染色剂渗入木板中，因此当木板伸缩时它们不会开裂或脱落。

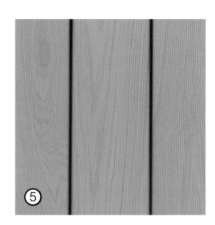

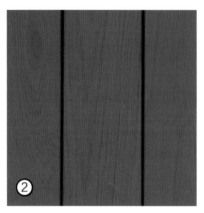

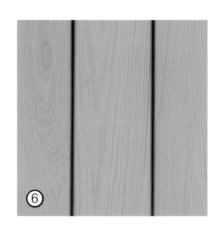

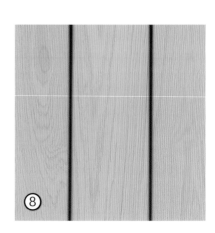

图1　白色

图2　石板蓝

图3　雪松色

图4　巧克力色

图5　古式灰

图6　黄褐色

图7　砖红色

图8　柏树

图9　深紫红色

图10　咖啡色

图11　淡棕黄色

图12　沙灰褐色

图13　秋棕色

图14　咖啡色

图15　草原灰

图16　撒哈拉灰

图17　山核桃木色

图18　天蓝绿色

图19　浅棕褐色

图20　青灰色

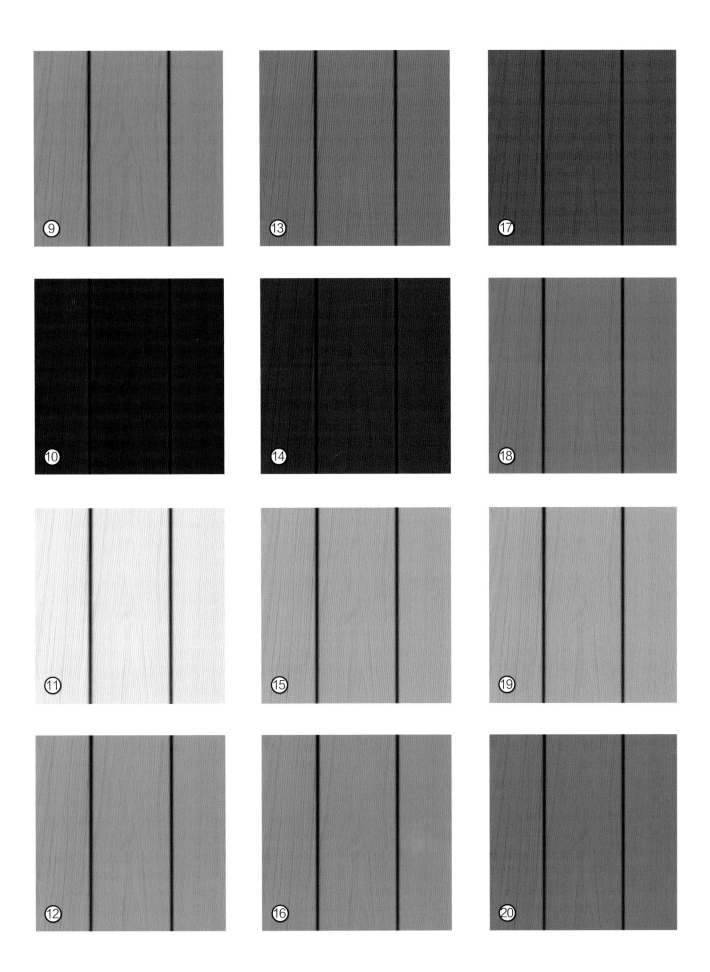

固体染色剂隐藏在木纹里，但它不会影响木材原有的木纹。当装饰出现多节或损伤，或当木板有不合适的色彩，使用染色剂会很好地掩盖这些小瑕疵。固体染色剂比半透明染色剂包含更多的色素，它们都是抗褪色的，并且它们能留下一个平滑排水的抛光面。此外，大多数固体染色剂也是抗霉的。

图1　峡谷棕色

图2　金棕色

图3　橄榄绿

图4　页岩色

图5　淡棕糖色

图6　梨黄

图7　蓝灰

图8　石墨灰

图9　桦木

图10　石板蓝

图11　绿头鸭绿

图12　灰褐色

图13　象牙白

图14　波浪冠色

图15　雾灰色

图16　天蓝色

图17　海蓝色

图18　云杉绿

图19　石色

图20　钢青色

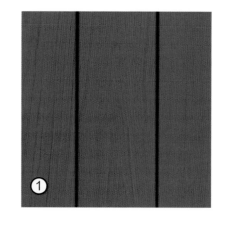

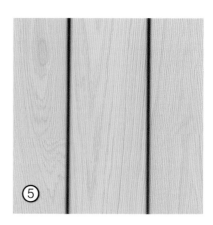

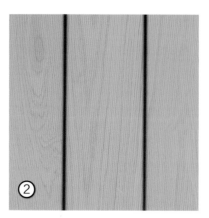

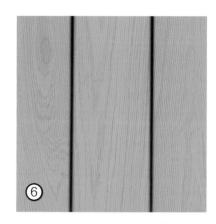

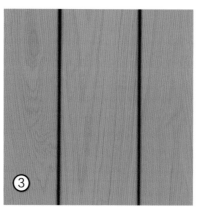

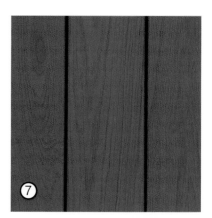

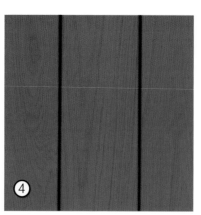

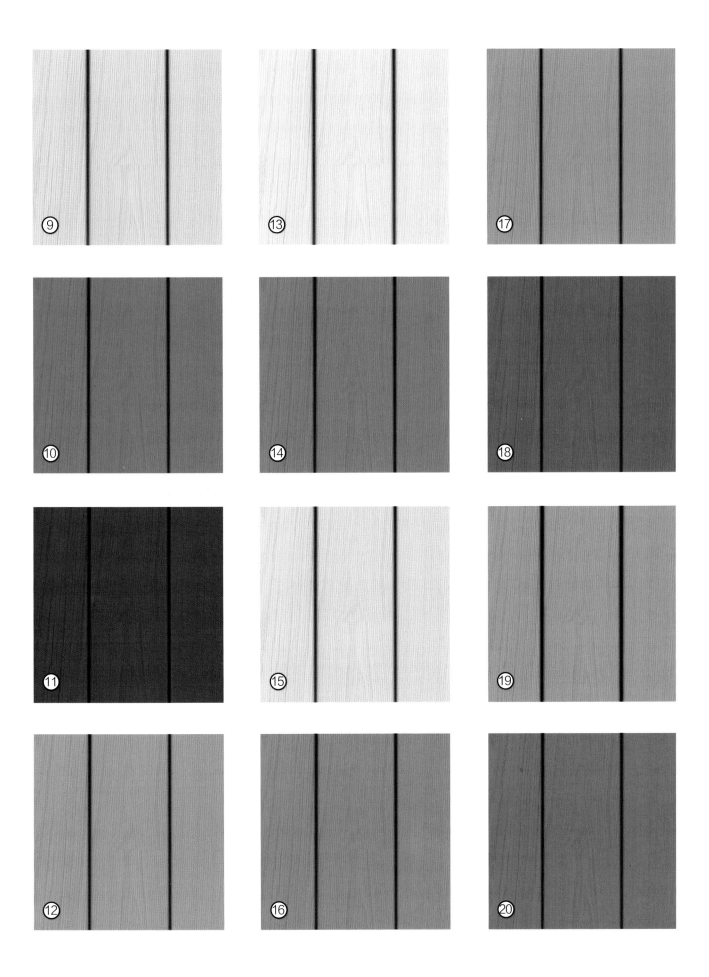

固体染色剂可以采用传统的染色剂那样的方法刷在露台上。如传统染色剂一样，它们每一层将会变黑，避免它多次刷在同一区间。已经染过的区间将会留下深黑染色剂重叠的痕迹。为求平滑，在使用一致的抛光面的同时，再使用一些固体染色剂，效果会变得非常好。固体染色剂可在（频繁使用的）露台上连续使用4年，偶尔使用露台的话，染色剂能够持续6年，围栏上的染色剂可保持6年。

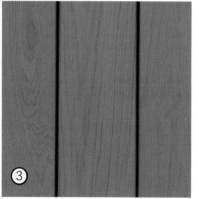

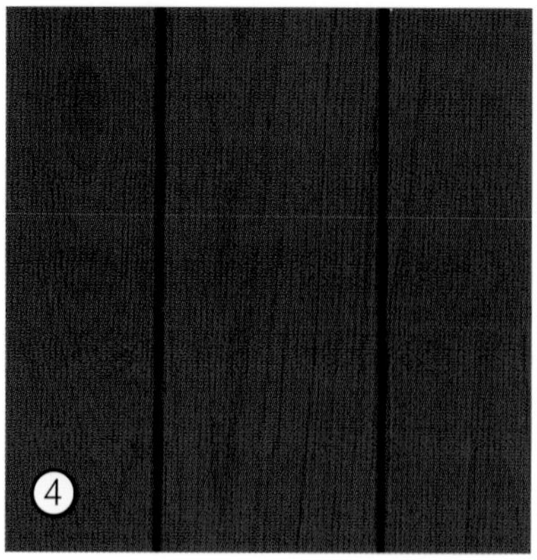

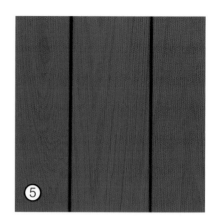

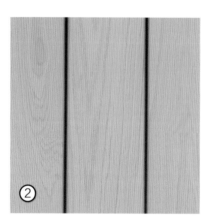

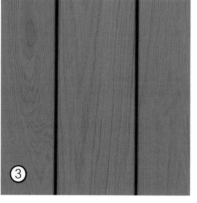

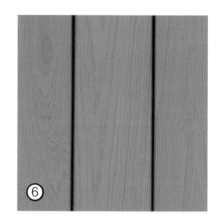

图1 深黑灰

图2 石头灰

图3 复古式雪松色

图4 黄褐色；赤褐色

图5 丛林色

图6 复古灰

图7 灰褐色

图8 复古红木色

图9 牛津棕

图10 暗灰

图11 红杉木

图12 石板灰

图13 复古式咖啡色

图14 殖民地黄

图15 冰河蓝

图16 米色

图17 纳瓦霍语红

图18 云杉蓝

图19 常青绿

图20 超白

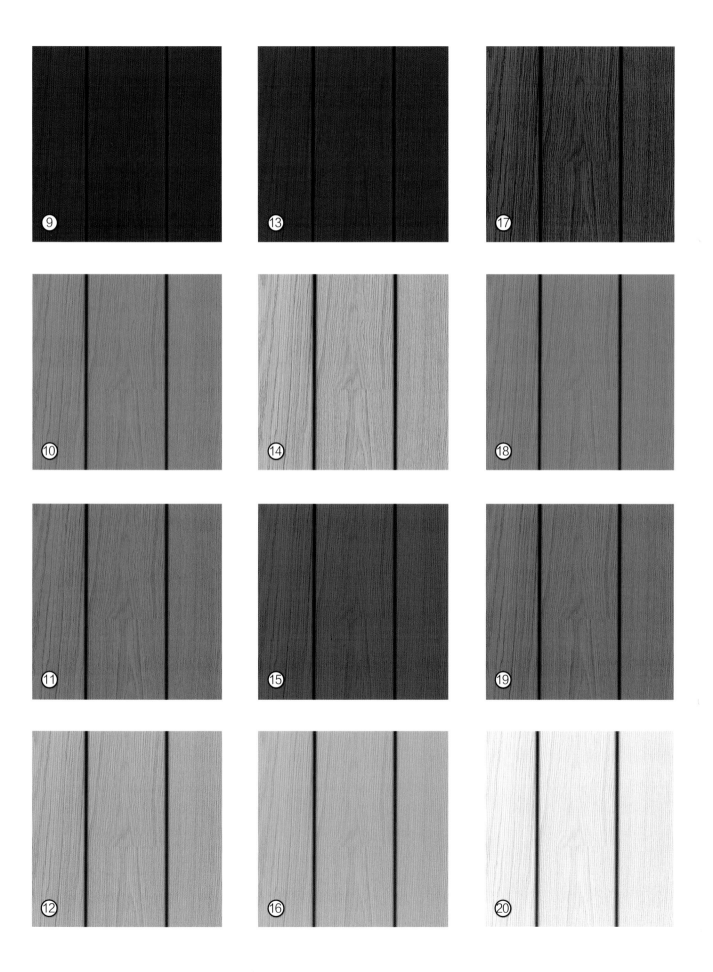

涂料

　　众多色料之中油漆是不错的选择，因为它可以让你的露台有更多的选择性。毫无疑问，对露台来说，混合两种或两种以上的色料可以引人注目。你可以把装饰和台阶脚踏板刷一种颜色，横栏刷第二种颜色，栏杆刷成第三种颜色。不像木料染色剂，它不会变色；你在商店里购买的涂料在被刷之后，显示出来的颜色，就是你的露台的色料，除非你把浅淡油漆用在深黑木料上。确保购买的涂料适合户外使用，使它能如树木一样经受风吹雨打，太阳曝晒。

图1　白色

图2　脱白

图3　棕芥末色

图4　樱桃红

图5　烟灰色

图6　丰收金黄色

图7　鲜红色

图8　紫红色

图9　深褐色

图10　安哥拉粉色

图11　古典紫

图12　峡谷蓝

图13　暗乳脂色

图14　深紫色；深丁香色

图15　葡萄色；深紫色

图16　天空港色

图17　微红褐色

图18　烟紫色

图19　佛青；群青

图20　长春花

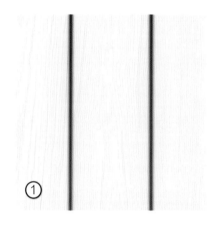

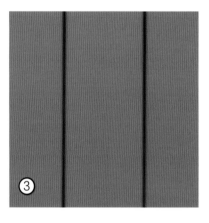

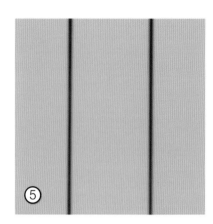

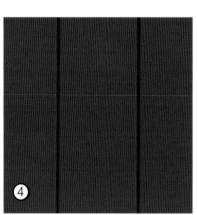

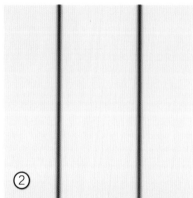

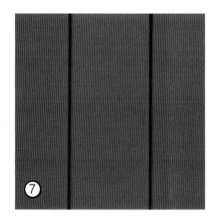

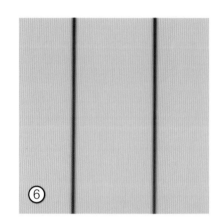

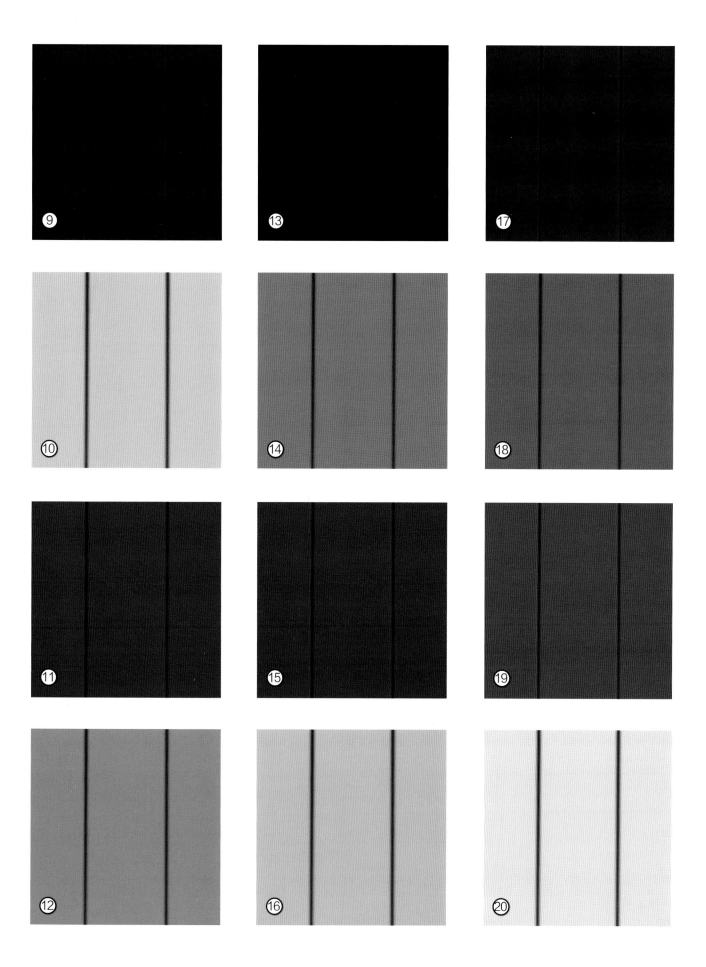

涂料覆盖住木纹且隐藏了木料中的斑斑点点，对绿化加工或次等木材来说，选择涂料是明智之举。另外还要说的是，对价格昂贵的、外表秀丽的树种如红杉木或雪松木是可以不用涂料的。因为这些木材极好地突出天然木料本色而不必遮盖。涂料具有优良的太阳防护功能。涂料有越高的光泽，它就越光亮，它将会对紫外线有更好的保护。对新建的露台来说，刷漆之前要使用一层底料。

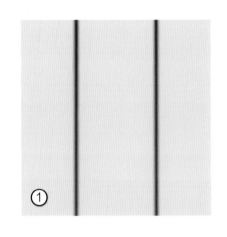

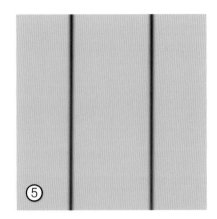

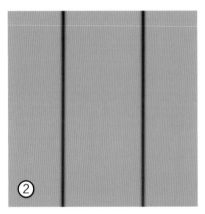

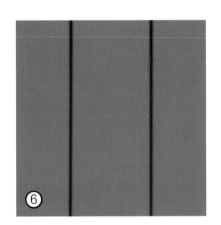

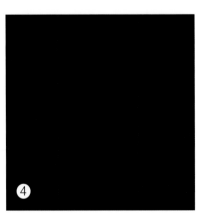

图1　淡蓝

图2　蓝蝴蝶结

图3　经纱蓝

图4　墨蓝

图5　天蓝

图6　海洋蓝

图7　宝石蓝

图8　深蓝色

图9　水鸭色

图10　冷色玉

图11　蓝霜色

图12　浅绿色

图13　常青色

图14　海蓝

图15　海百合绿

图16　灯笼椒色

图17　青绿色

图18　冰绿色

图19　闪绿色

图20　草绿色

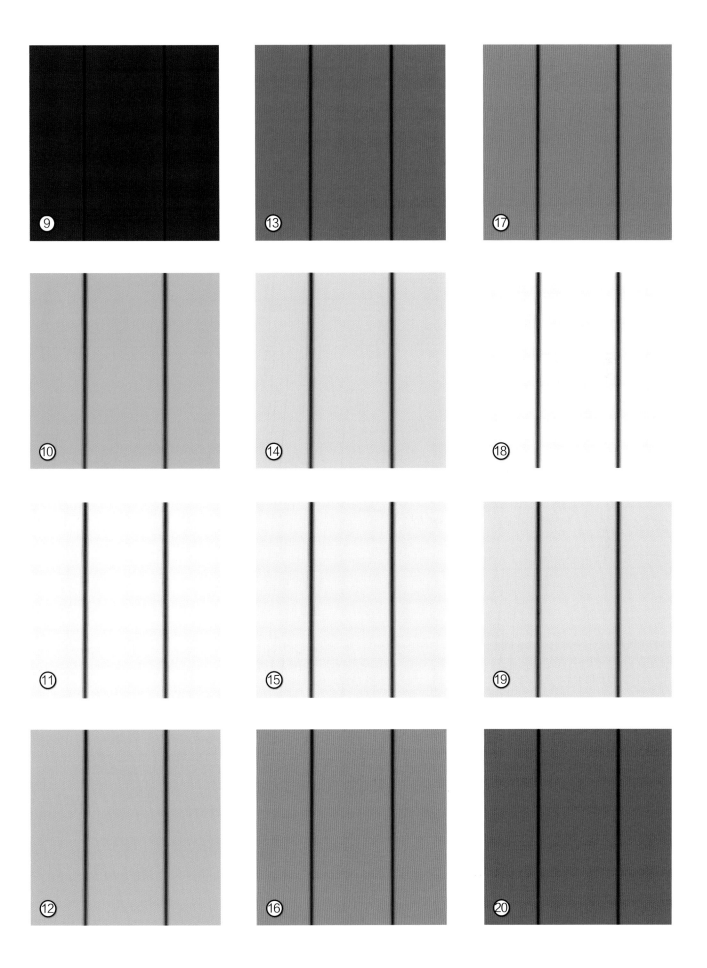

　　尽管已上漆的露台看起来迷人，但是它需要定期的维修保养。因为涂料在露台木板上形成一层薄膜不会像染色剂那样渗入木料之中，在温度和湿度变化情况下木料涨缩，它会破裂和脱落。每隔几年，你将需要刮掉这些脱落和剥落的油漆，刷上一层新的。当然，你不需要像沾了污迹一样剥去整个露台的油漆。

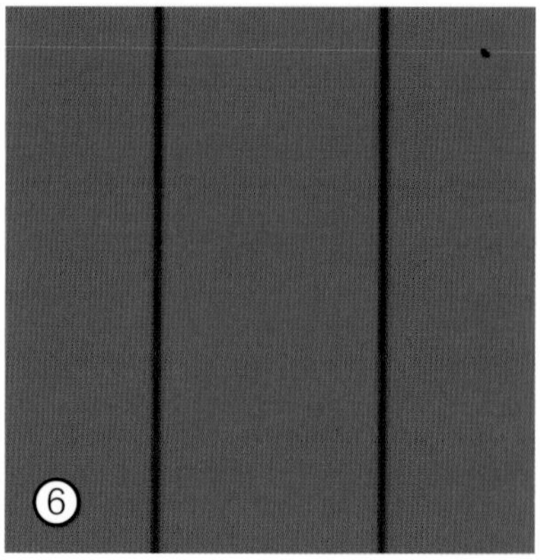

图1 绒绿

图2 深绿色

图3 蕨类绿

图4 冷灰色

图5 深林色

图6 橄榄绿

图7 翡翠绿

图8 暖灰色

图9 炭色

图10 焦红棕色

图11 古典棕

图12 铜色

图13 赭色

图14 淡红棕

图15 暖棕

图16 炭色

图17 亮酱色

图18 暗棕色

图19 天然红棕

图20 白金色

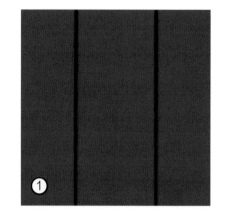

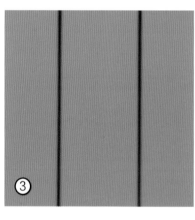

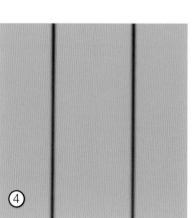

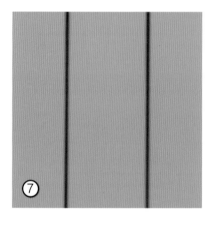

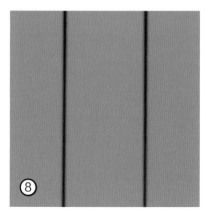

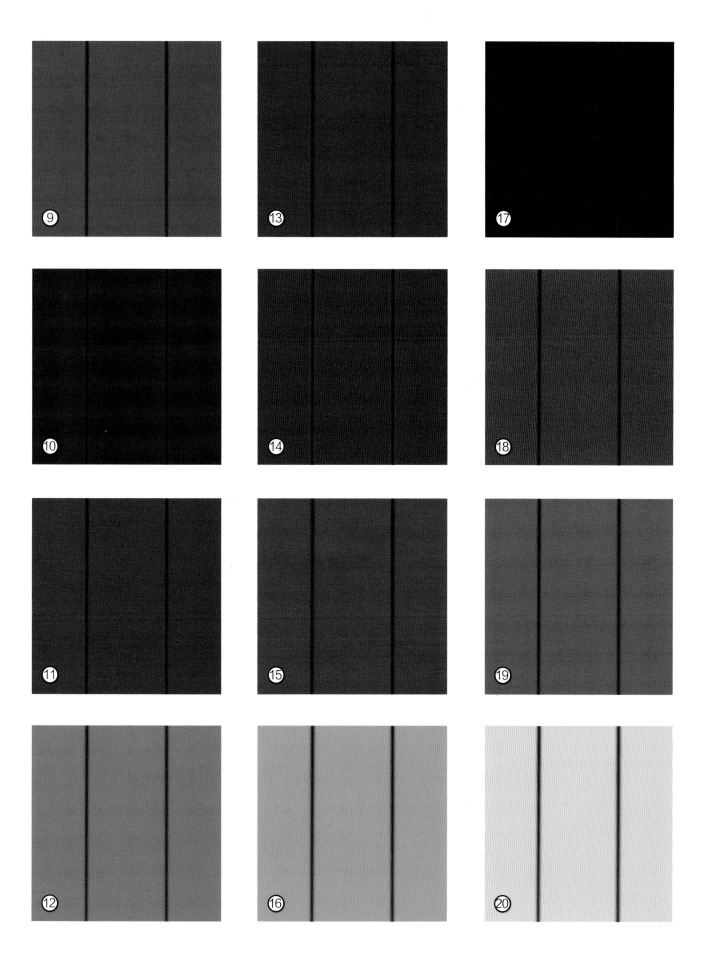

涂料和染色

　　为了在露台上突出特定部分，可以使用涂料和染色剂混合物。绝大多数人都不太想露台显得太过艳丽，当使用色料时，浓艳的色彩会和暗黑染色木料形成鲜明的对照。涂料的柱子或整个横栏是采用淡色，诸如白色，露台的其他部分染成暗色调是备受喜爱的色彩设计，因为那会让露台充满活力。另一个选择就是给装饰物（配件）刷漆，像藤架或格子架，这会给其他所有的东西添色。

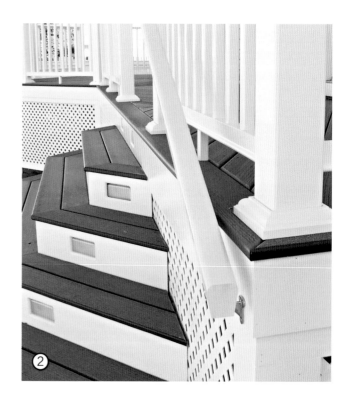

③

图1 在这里，柱子、栏杆，以及围栏修饰被刷成浅色，浅色可以与藤架相匹配。为形成鲜明的对比，装饰、高围栏、花盆架被刷成暗色。

图2 白色的围栏、楼梯踏步竖板、扶手、晶格、壁脚板看起来效果很棒，与露台上染成棕色的装饰和台阶踏板相比，在视觉上更能吸引目光。

图3 通常灰色不太引人注意，但在这些围栏上和柱子上却发挥了作用。这种涂料与染成棕色的装饰、楼梯和壁脚板相匹配。

图4 浅棕色和亮白色看起来并不是很好的色料混合，但它们能在这个露台上却相互辉映，部分原因是由于这个房子的白色的侧面。

图5 这个露台显得低调迷人，灰色的复合装饰和染成透明的花盆混合在一起。

④

⑤

庭院材料

　　庭院材料的选择可以为你的庭院设定一种风格，使庭院有一种非常华丽的外观，或者给人一种愉悦舒适的感觉。每当你和你的客人走出来站在庭院里，你们第一眼看到的是它的外观。我们有大量的庭院材料可供选择，你可以从砖块和石头选到混凝土，可以从铺路砖选到瓷砖，也可以从松散的砾石选到木头。一旦你选好了材料，你仍然需要选择图案。这篇文章将帮助你选择什么样的材料才能使你的庭院产生最佳的效果。

　　选择能够突出你庭院和周围环境的材料。房屋旁边的庭院材料需要与房屋的外表匹配。砖石材料几乎在任何环境都能使用，然而瓷砖和颜色鲜艳的混凝土放在色彩鲜艳的壁板旁边会显得令人分心。一定要确保所使用的材料要适合你的气候条件。会有结冰的地区要求使用不吸水、不结冰、不裂开、不渗透的材料。

　　考虑使用两种或两种以上的材料的情况：第一，你不能把材料缩减为一种材料；第二，你有许多区域要用材料去覆盖；或者第三，你想省钱。比如说，在一个精心设计的石庭院边，设计一个不太昂贵的混凝土制成的小路或歇脚地。同样的，砖块与木料相结合可以形成一个引人注目的庭院或者阶梯通道。

　　你也可以通过使用模拟真实的事物，但价格更便宜的材料达到你所想要的外观。铺路砖、砖块、石头以及捣碎的混凝土所提供的外观与其他的材料是相似的，但是价格上是不同的。一些材料尤其是砖石，它们的颜色及价格通常根据地域的不同而变化。地理上的变化会使本地制造的砖块和该国其他地区制造的砖块有所差异。离你最近的采石场可以开采出特定种类的石头，但这种类型不总是你心目中所想要的。如果你需要一种在你所在地不能立马获得的特有材料，你可以预订它，但要准备支付额外的费用。

左图　在这些灰色方形的铺路砖上进行微妙的颜色变化，可以使庭院的地板减少单调性。

下图　随着砖石材料的老化，它们会给庭院一种别样的风味。这里朝向郁金香花园的木制椅子和桌子符合乡村主题。

黏土砖

砖块独特的外观，以及可选的诸多砌砖图案，使得这种简易的材料得到最广泛的使用。它几乎与所有的房屋外观和庭院设计都能搭配得很好。砖块可以放在沙地上或者固定放在与砂浆相称的地方。任何一种方法都可以产生一种吸引人的，显著的外观。带有可见砂浆的接缝方式，为庭院增加另一种特色，然而也可将砖块紧紧地结合在一起，完全消除接缝，使得庭院的外观连续不断，不被单个的砖块破坏整体感。砖块的缺点是其价格，它的价格属于最贵的庭院材料之一。

②

①

③

图1 对于这个三层的庭院来说选择砖块是显而易见的，因为它补充了建筑物的外观和格调。石头的边缘增加了合适的对比度。

图2 嵌入沙子的砖块构成了这个庭院，庭院大得足够放得下一张桌子和多把椅子。庭院是建在地面上的，所以砖块是与周围的院子处在同一水平面的。

图3 浅颜色的砖块是以一种流动结合的图案布局的。创造了一种清新的外观，这种外观无缝的与门边的砂浆壁板以及混凝土庭院相连接。

④

⑥

图4 这里，宽大接缝处的浅灰色砂浆提供了一种对比并且突出了颜色更深的砖块。

图5 当砖块嵌入带有紧密接缝的人字形图案时，砖块将会有一种造型优美的外观，非常适合当代的游泳池庭院。

图6 这里普通的砖块是以人字形图案布置的，使得庭院的外观布置井然有序。通过优雅的庭院设置可以加强这种效果。

砖块有着一系列的尺寸、颜色和纹理。通常最多用于庭院的砖块是纹理粗糙的普通砖块以及表面光滑的面砖。黏土砖是一种全天然的材料，它的制成是通过水黏土与水混合，然后放在窑房里烧，最后将其切割成大大小小尺寸的黏土砖。在制造过程中使用不同的黏土和添加剂会产生不同的颜色和纹理，因此有许许多多可供选择的砖块。

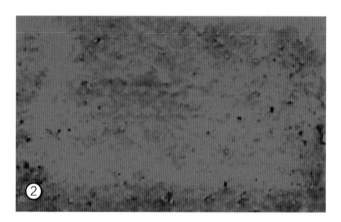

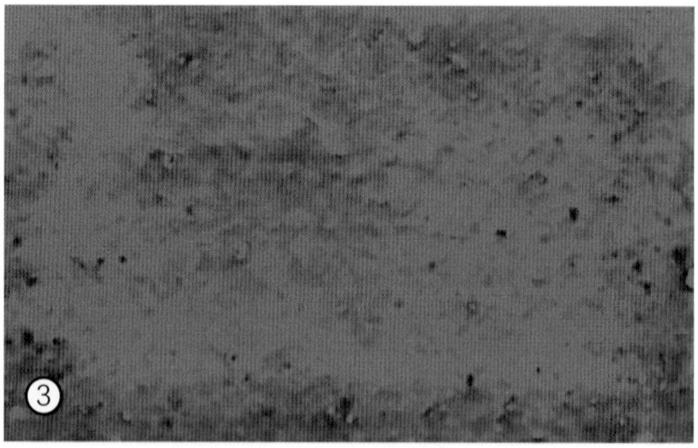

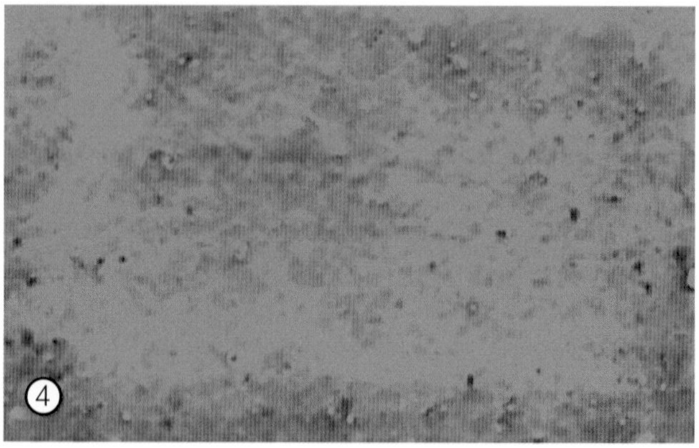

图1　紫红棕色

图2　殖民地红

图3　赤陶红

图4　红黏土

图5　棕色土

图6　雷云灰色

图7　鹅卵灰色

图8　化石灰色

图9　仿古棕色

图10　棕红色

图11　红沙色

图12　暖棕色

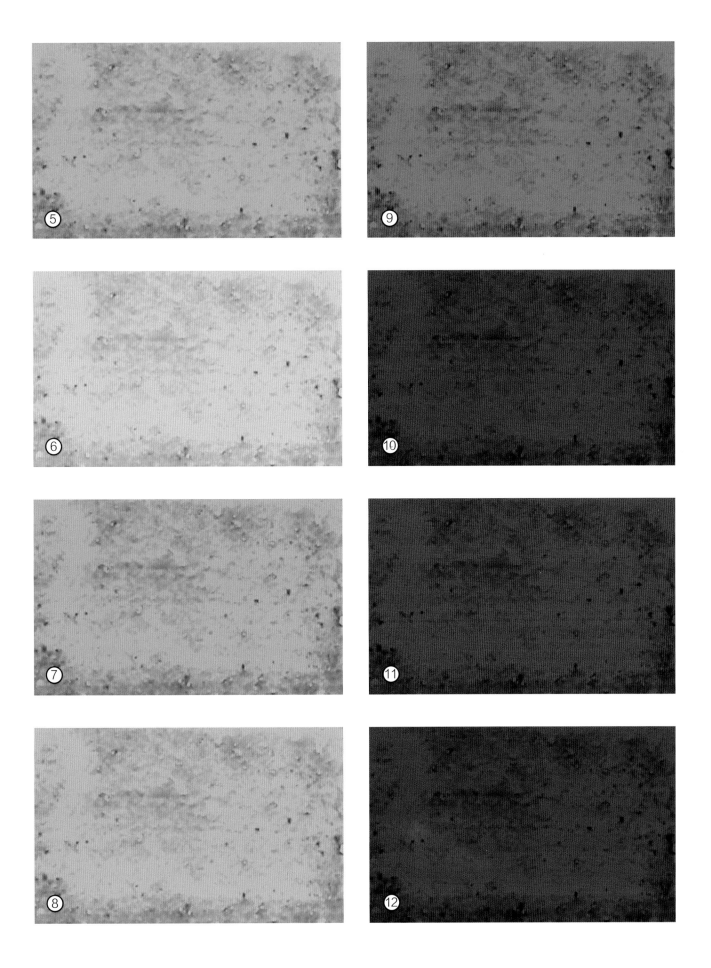

石头

　　石头具有的自然美，使得庭院的外观看起来有历史韵味。石头有许多形状、颜色以及表面，它们通常随地域的不同而变化。确保你选择的石头是防滑的，特别是你在靠近游泳池的地方使用它。石头可以切成规则的形状，像方形瓷砖，或者可以切成规则不一的形状。如果不规则形状的石头设置正确，它们看起来会有极佳的效果，但是需要仔细规划布局。有些设计通过将石头紧密地放在一起使接缝达到最小化。然而有些设计故意留大的空隙，然后为了呈现与众不同的外表，也是一种巧妙的构思。

图1　在这些石头之间留有很大的空隙，草地填充其中，看起来有种古典风格。

图2　各种各样的形状、颜色的石头拼凑在一起，并没使这个庭院看起来凌乱，反而体现出一种井然有序的外观，接缝的紧密的处理，可以将焦点完全地放在庭院上而不是单个的石头上。

图3　不规则的板石拼凑成一张规格不一的图案，使得这个庭院极具吸引力。

图4　这些瓷砖具有统一的形状，使得庭院的外观成流线型。

图5 光滑水平的表面对于这种石制庭院至关重要，因为即使光着脚站在上面也会感到很舒适。石头提前切割成不同的形状和尺寸是为了增加视觉上的美观。

图6 充满砂浆的宽大空隙，增强了这些石头规则不一的形状。这种设置对于这个庭院是创造性的，因为它没有遵循一种特定的几何形状。

图7 截然不同的石头形状和图案将这个庭院分成单个的区域，这些区域与游泳池周围的边界巧妙地连成一体。

对于庭院，板石是不错的选择。你可以选择一种舒适且不滑的纹理，这种外表可以突显颜色上的多样化。板石事实上不是一种石头。相反，对于任何大而扁平的石头而言，它是一种从石灰岩、沙岩，或是板岩中分离出来的物质。大理石和花岗岩是最坚韧的石料，比沙岩和石灰岩要少孔。一定要确保你所选的石头能够承受不同的气候条件。多孔的石头可以吸水，在低温下，结冰后容易裂开。

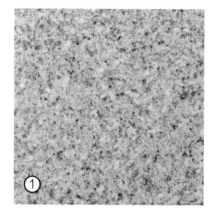

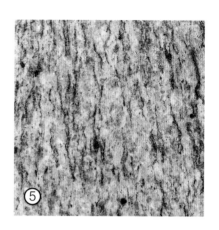

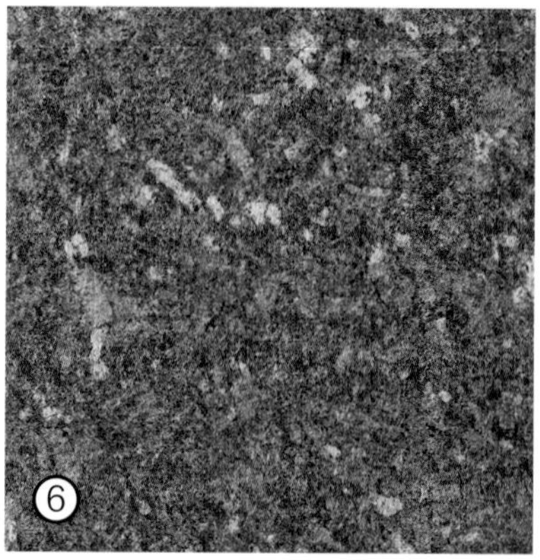

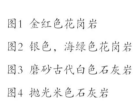

图1 金红色花岗岩

图2 银色，海绿色花岗岩

图3 磨砂古代白色石灰岩

图4 抛光米色石灰岩

图5 黑条痕条棕色花岗岩

图6 咖啡豆色花岗岩

图7 拉毛棕色石灰岩

图8 拉毛银色石灰岩

图9 条痕米色石灰华

图10 天然白色沙岩

图11 化石沙岩

图12 亚马逊绿色板岩

图13 珊瑚石灰岩

图14 天然棕色沙岩

图15 真化石沙岩

图16 象牙板岩

图17 日落磨好的，未填好的石灰岩

图18 天然灰色沙岩

图19 红色沙岩

图20 乡村多色板岩

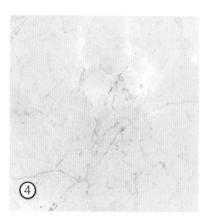

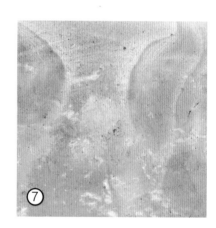

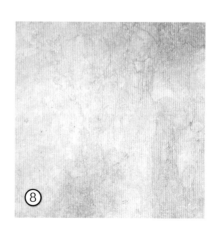

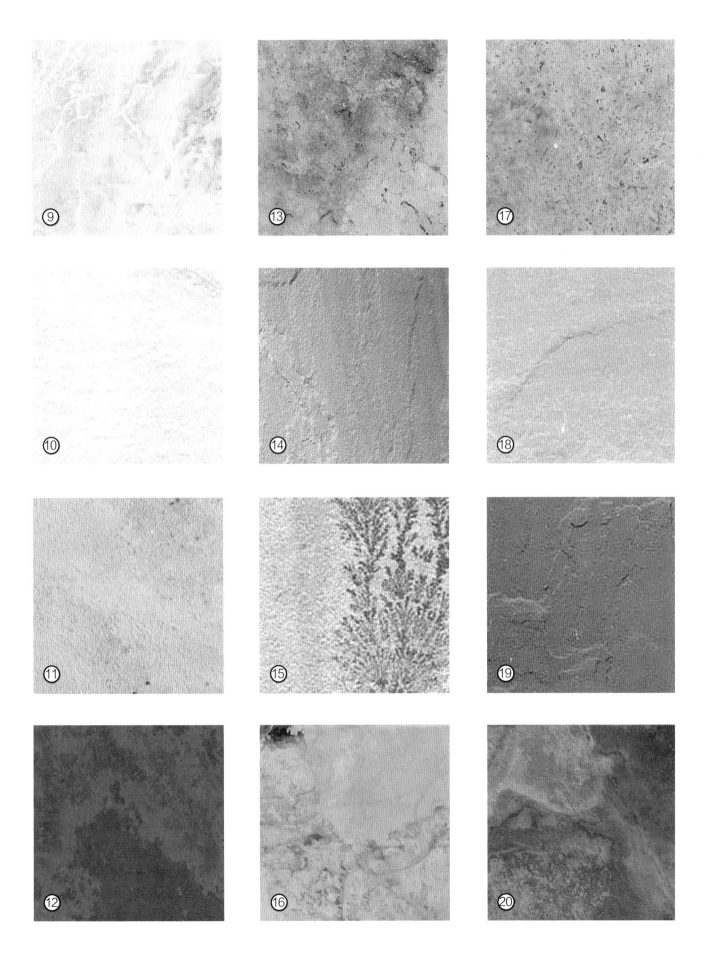

混凝土

　　混凝土提供的不仅仅是庭院门外简单的铺设，它也有一系列的颜色、纹理、设计和图案。实际上，一些捣碎的混凝土看上去与砖块或石头是相同的，但价格却不高。混凝土的集料效果赋予了混凝土特有的颜色和纹理。当混凝土被倒入时，它能适合任何形状，使用弧形或者用椭圆形的边缘，无论对于庭院还是人行道都是好的选择，否则其他形状的施工，将需要额外的裁减。此外，混凝土庭院通常会采用对称的线条。

③

④

图1 这儿集料混凝土表面为庭院增加了纹理和有斑点的色彩，给人一种温暖、招人喜欢的感觉。

图2 这种混凝土庭院与建筑物上浅色的砂浆很相配，去除了户外生活空间和房屋的区别。庭院也与绿色草坪形成了鲜明的对比，清晰地界定了庭院区域。

图3 百叶窗强烈的水平线与窗框的垂直线，表达了庭院线型主题。

图4 混凝土几乎能适合任何的风格及设计，比如说这个现代的庭院。混凝土笔直细长的线条很好地与家具上的曲线区分开来。

铺路砖

　　铺路砖有许多形状和大小，它们可以拼在一起或者像一道道智力测验一样连在一起，形成错综复杂的庭院表面。铺路砖是容易安装的，所以它们成为自己动手者的最好选择。它们被放置在体积小的砂底盘之上，然后将沙子扫入接缝处。虽然用铺路砖进行工作没什么困难，但是它们却能经常作出看起来复杂的设计。作为垫脚石它们也是很好的选择，特别是如果它们的形状令人感兴趣或者它们被嵌入在像沙砾、河流岩石这样的松散材料中。由密度大的混凝土制成的铺路砖，特别牢固并且能在不同的车辆行驶下保持完好。

③

④

图1 将稍微不同色度的方形铺路砖混合在一起使这个庭院具有魅力。铺路砖周围的接缝被填充上，而多样的线条并不会令人分心。

图2 这里的铺路砖与棕色露台以及房屋外部更暗淡的砖块搭配得很好。

图3 这里几乎不可能区分出铺路砖与真正的石头的区别。铺路砖柔和的色彩与庭院的椅子很搭。

图4 铺路砖提供的色彩混合效果，是天然的石头不容易形成的，这些铺路砖看上去有历史感，即使庭院使用时间并不是太长。

图5 位于靠近湖泊的庭院为眺望湖面提供了理想的环境。这样的铺路砖使得地面不需保养并且它们足够牢固，可以承载连续不断的人流量。

图6 这些铺路砖的浅色使得庭院看起来柔和。虽然在正方形里插上更小的插图的图案很简单，但是视觉上却是让人眼前一亮。

⑤

⑥

铺路砖广泛用于正方形、长方形、圆形、八角形和其他的几何形状的设计。它们既可以设计成规则的铺路砖，这样的铺路砖扁平的边缘与毗邻的铺路砖对接，或者设计成交织在一起的铺路砖，这些铺路砖边缘形状可以设计得新奇一些。在庭院表面或在人行道上铺路砖很容易形成复杂的图形，或者它们可以形成令人眼前一亮的图案，比如说受欢迎的环形图案。铺路砖除了比砖块或石头价格便宜之外，它们还可以有一系列不同特点的形状。

①

②

③

图1　棕色砖

图2　仿古棕色砖

图3　红棕色砖

图4　褪色棕色砖

图5　鹅卵石

图6　红色石头

图7　灰色石头

图8　嵌锁混凝土

图9　黏土砖

图10　老化砖块

图11　嵌锁棕褐色混凝土

图12　嵌锁定制混凝土

④

地砖

　　地砖通常用在厨房里和浴室里，但也可以用在户外，作为吸引人的庭院表面，这层表面要么当作主要材料，要么放在需要强调的区域。如果你的室内有地砖，想使室内到室外显得区别不是那么大，把地砖放在庭院是一种很好的方式。无釉地砖使路面产生最佳的效果，因为它为行走提供了一些牵引作用。表面色彩鲜艳的有釉砖常常因为太光滑而不能在其上面行走，因此它们被用作强调某些区域的作用。

图1 地砖的褐色色调自然的与西南风格的环境相匹配，地砖摆放成一个角度，这样砂浆线与外墙相交。

图2 为了产生明显的视觉效果，完全靠近喷水池的方形砖块沿着边缘水平地放置以及沿着最高处对角地放置。沿着最高处的边缘处突出了对角的图案。

图3 这些排成一行的宽大矩形地砖让水平的砂浆线呈垂直和水平方式穿过庭院。

图4 在这个用地砖覆盖的庭院里将略有不同的颜色调和在一起，给表面混合了一种吸引人的柔和色调，这种色调与房屋的外表的单个颜色形成了令人舒适的对比。

图5 正方形的地砖与户外房间的地板对称。圆形家具与庭院的垂直线条形成了鲜明的对比。

图6 有大量砂浆线的赤陶土地砖提供给庭院一种纹理适度的表面，在这个表面上行走是舒服的，甚至你可以光着脚在上面走。

图7 赤陶土颜色的地砖构成了庭院周围独特的边缘。有斑点的灰色地砖覆盖着庭院表面，边缘以及台阶。

瓷砖是人们所知的最古老的建筑产品之一。它仍然和过去一样受人欢迎。它由混合黏土、沙子以及其他天然材料制成，然后在极高的温度下烧制而成，瓷砖从单一的方形彩色瓷砖变化到装饰用的马赛克瓷砖。为人所熟悉的暖红色赤陶土瓷砖以及由烧制的黏土制成的柔和色的缸瓷都归为瓷砖的种类。

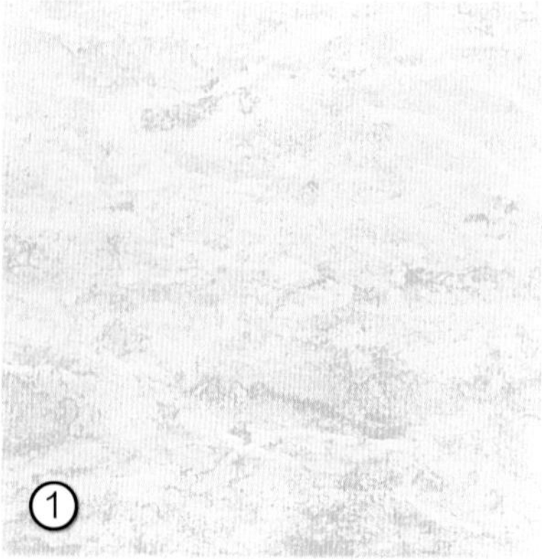

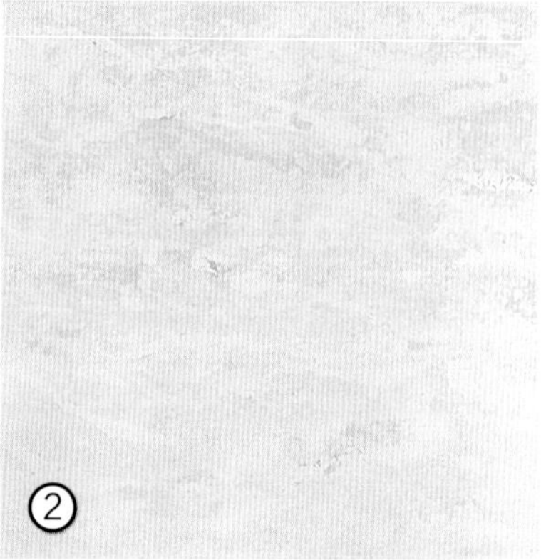

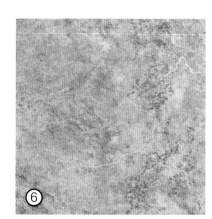

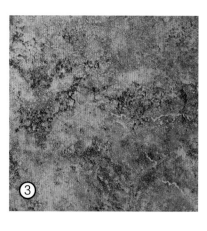

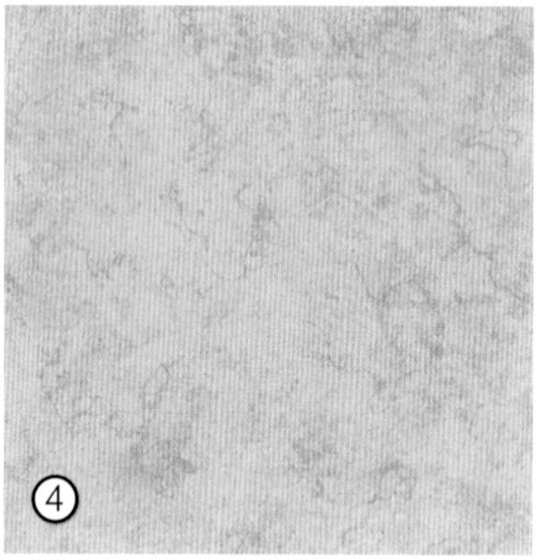

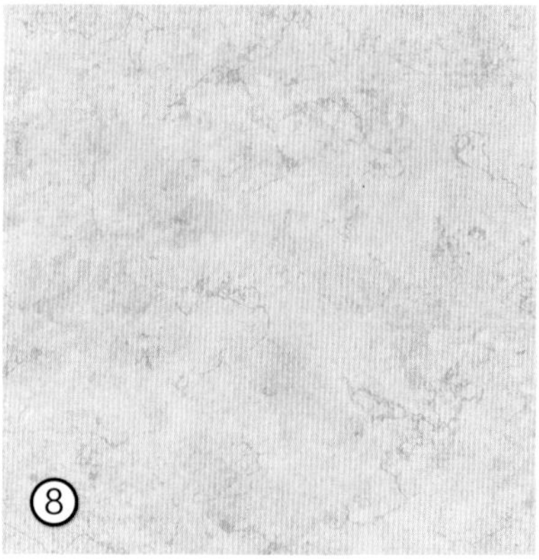

图1　磨砂白

图2　加勒比板岩

图3　板石

图4　浅咖啡色

图5　大理石白色

图6　托斯卡纳式骨状物

图7　金米色

图8　水洗灰色

图9　撒哈拉米色

图10　水洗棕色

图11　褪色米色

图12　板岩

图13　赤褐色砂石

图14　白砂

图15　柔和红铜色

图16　爱琴海蓝色

图17　虹彩黑色

图18　枣灰色

图19　酸性蓝色

图20　赤褐棕色

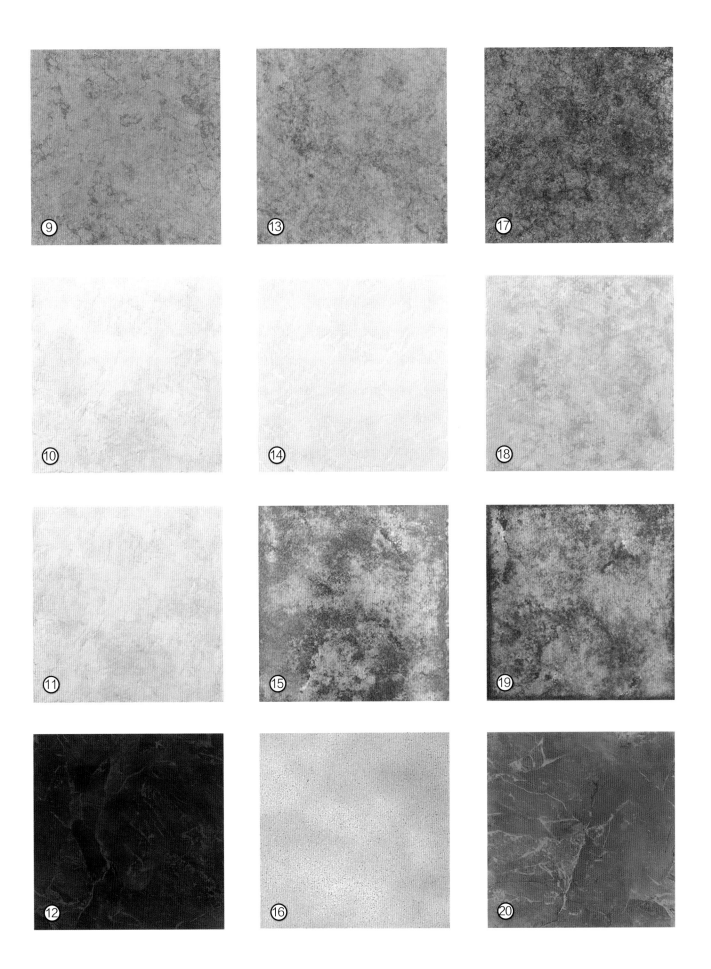

　　瓷质砖看上去与板岩、石灰石以及其他种类的石头几乎是一样的。标准的12英寸方形瓷砖是最常用的，尽管你发现它们能与24英寸的表现一样大，或者与1.5英寸一样小。瓷质砖非常耐用，并且容易保养——它们几乎是不染色的。因为它们不透水，所以它们能用在寒冷并结冰的气候里。

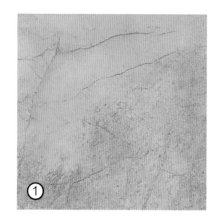

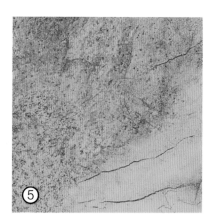

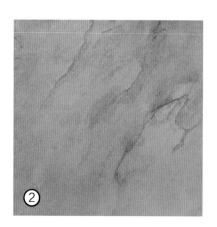

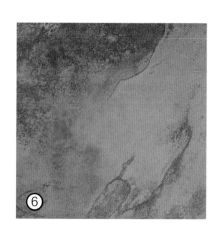

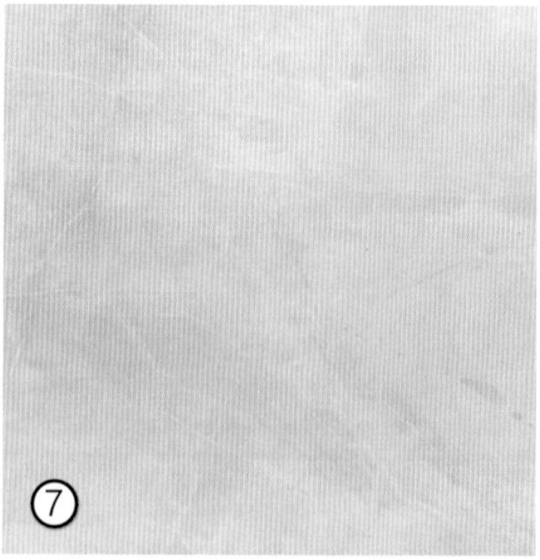

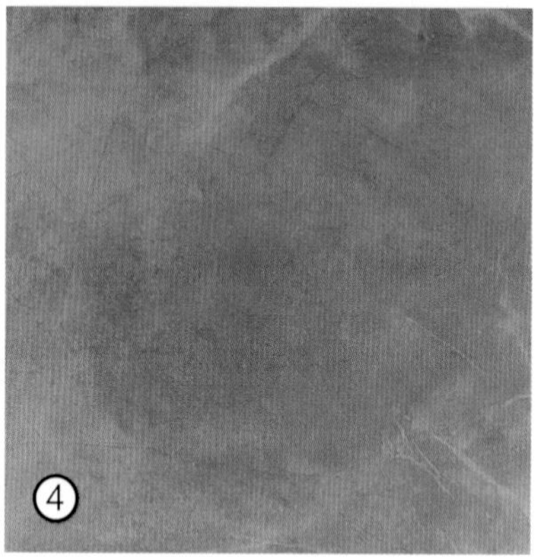

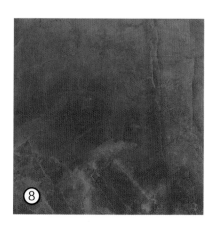

图1　砂岩棕色

图2　板岩

图3　侵蚀黑色

图4　蓝灰色

图5　皇家金混合

图6　淡棕色

图7　暴风白色

图8　花岗岩

图9　米色

图10　灰色石头

图11　深黑色

图12　水洗棕色

图13　浅棕褐色

图14　沙色

图15　冰盖白色

图16　烟灰色

图17　淡白色

图18　深灰色

图19　纯金色

图20　加料灰色

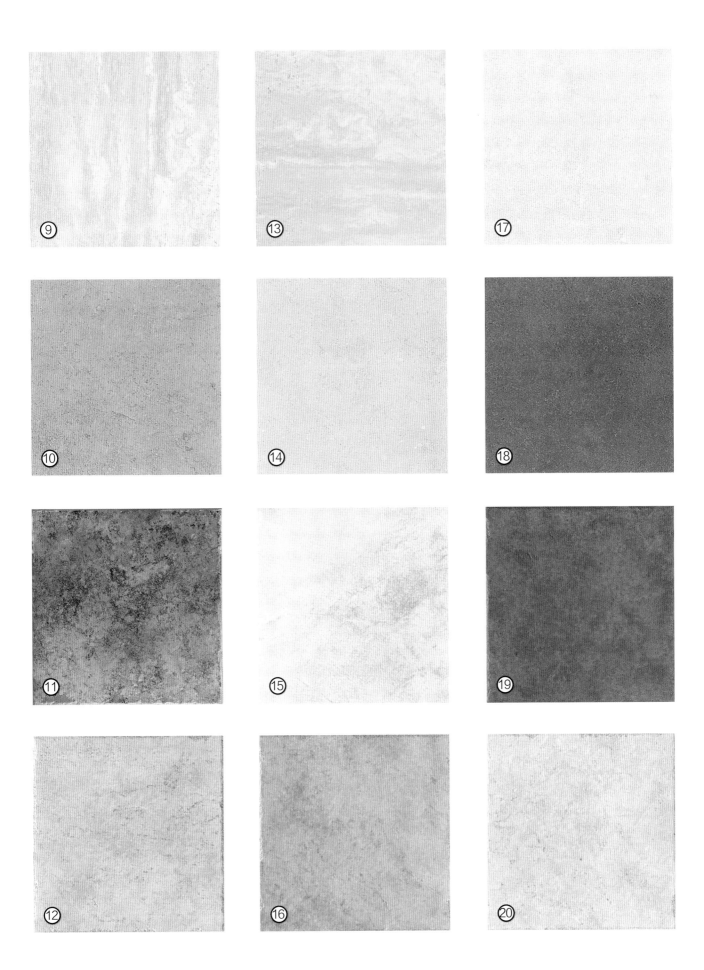

砖坯

　　砖坯、石块以及铺路砖是美国西南部最常见的材料。砖坯材料过去常常是混合黏土和干草，然后将混合物切成砖块状或厚板状，最后把它们放在太阳下晒干制成的。这种材料仅仅用在温暖干燥的气候，比如美国的西南地区。现在，砖坯制造方法发生了改变，这种材料已经能抵挡寒冷天气并且任何地理位置都可以使用，砖坯材料通常4英寸厚，它们要么与接缝之间没有砂浆填充，要么相隔足够远让草或花在空隙处生长。

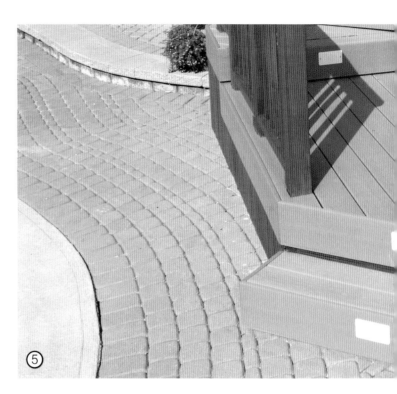

⑤

④

⑥

图1 特别窄的铺路砖在庭院中每隔几排铺上一些，用来打破匀称性并防止接缝处排成一列。呈现的结果是有一系列短小笔直的线条和长形环形线条。

图2 这些铺路砖以单个圆形工件在中部为开端，构成了越来越大的环形，使得庭院完全成圆形。

图3 几种颜色的铺路砖混合在一起可以使庭院外观呈泥土状。铺路砖紧紧地连在一起形成优雅的弧形。

图4 接缝线条不明显的非彩色的砖块，将我们的视线转移到形状美观的大游泳池里。

图5 三种尺寸两种颜色的铺路砖为这条通道提供了奇特的外观和感觉。

图6 砖坯几乎能适合任何一种设计和颜色图式。这些砖块与白色的台阶和房屋上所有的三个壁板都相配。

　　砖坯材料传统上是一种外观像泥土，呈暖红棕色的材料。在制造过程中增加水泥能使砖块或石块稳固，并使砖块或石块形成不同的外观。砖坯石块特别大，达到了8—16英寸，使得它们十分重，它也让单个的石块覆盖大量的庭院空间。因为这种原因，大的石块最适合于大型的庭院，在这些庭院里它们与周围的环境搭配得更好。而小的砖块和铺路砖在任何庭院或通道上都能很好地使用。

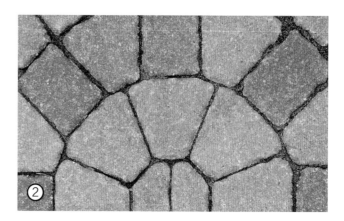

图1　传统的红色砖坯

图2　灰色环形铺路砖

图3　人形图案灰色砖

图4　弧形图案红色铺路砖

图5　各种各样尺寸大小的灰色石块

图6　规格不一图案的红灰色砖块

图7　花纹效果的不规则图案

图8　传统红灰色砖坯铺路砖

图9　圆形图案灰色及红色铺路砖

图10　环形图案铺路砖

图11　两种红灰色形状的砖块

图12　多种形状的铺路砖

散状材料

选择坚硬永久的表面，比如砖和混凝土，对于户外空间不总是最佳的方案。靠近植物的区域需要能排水并能让叶子生长的材料。靠近孩子玩耍的区域的材料，要足够柔软来抵挡任何摔跤的冲击。散状材料在这样的情况下工作得很好，并且它们在其他的情况下看上去也很好。石头、彩色的砂砾、木屑为庭院增加了不一样的颜色和纹理。它们也是最不昂贵的材料，当你覆盖大片区域时，这些材料就很有用了。确保你有充足的空间使得材料遍及整个庭院。

图1 白色卵石与这些混凝土挡土墙很相配。有织纹表面的枕头和毯子增加了一种受欢迎的色彩感。

图2 沙子将月光很自然地留在这个后院露台上。沿边的挡墙把整个沙堆围绕起来。

图3 这里松散的砾石是最完美的选择。颜色浅的表面与颜色更深的墙，植物和篱笆达成一种平衡。

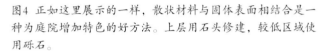

图4　正如这里展示的一样，散状材料与固体表面相结合是一种为庭院增加特色的好方法。上层用石头修建，较低区域使用砾石。

图5　固体铺路砖能让桌子很稳定地放在庭院的中间，然而剩下的表面用散状材料覆盖。

图6　这儿，豌豆似的砾石使庭院几乎像一个海滩。椅子插入在砾石里，所以它们不会在庭院里滑动。

散状材料有几种类型，它们是按包、按吨或按立方出售的。你可能不得不每过几年就增加新的材料，因为表面会压缩或者材料被取代。散状材料的铺设，最好放到2—4英寸深。除了能很好铺设在你的庭院和花园里，它们也能在你庭院里铺出大的通道和过渡空间。

图1 木制覆盖料

图2 切碎的树皮

图3 腐烂的花岗岩

图4 火山岩石

图5 多色的砾石

图6 石英岩石

图7 河流岩石

图8 卵石

图9 沙子

图10 蓝色压碎的玻璃

图11 切碎的木头

图12 木屑

木头

对于庭院来说，木头似乎不太可能选择，因为它通常限定在露台上，但是木头也可以形成极美的庭院表面，尤其是它安置成引人注意的镶木地板图案。木头可以纵向地放置，它可以安放在露台上或者混凝土之上。另一种流行的方法就是将木料放在沙子之上。十字形图案的短小木料为表面增添了吸引力。

图1 镶嵌木砖给这个庭院表面一种和餐室一样的端庄外表。在砌筑墙上的底板很好地遮蔽了地板和墙的空隙。

图2 两种不同颜色的木料相互之间垂直的放置，使得庭院的表面呈棋盘式图案。

图3 在沿着这些木制板的边缘处，放一些沙石，是为了划分从木制庭院和稍微低的砾石，使得界线清晰。

图4　镶木地板给庭院表面一种独一无二的外观和设计。这种外观和设计是不能被任何其他的材料所复制的，并且使这个略小空间的庭院显得很大。

图5　在不破坏庭院的整体色彩方案下，用两种不同灰色的木块放在这个木制庭院里，会增加人感官上的兴趣。

图6　槽木板使这个阳台庭院看起来像一个真正的卧室。这种木料即使你穿上凉鞋走在上面，脚的触感也很舒服。

图7　覆盖在这庭院的木板给人一种乡村的感觉。砖块边缘很好地与庭院的两侧相接。

组合材料

　　因为有这么多的庭院材料可供选择，所以通常情况下只挑一种材料是很困难的。幸运的是，你不必只挑一种。使用两种或两种以上的材料，可以形成令人眼前一亮的图案，这是使用单个材料所不能及的。组合材料需要有一点额外的规划来达到你想要的外观。在一种材料的边上放置另一种材料的图案，需要有精确的计算，因为任何的不协调性都是引人注目的。不同厚度的材料需要特别准备的基底，使得庭院的表层平整。

图1　这里，从庭院过渡到露台需要将石头表面与木制盖板搭配好。

图2　木板、铺路石、松散砾石以及各种各样的边缘材料通过五花八门的组合，最终给庭院形成一条通道。

图3　正如这儿所看到的一样，混凝土里含有砾石沟渠，可以使靠近房屋的混凝土，渐进地延伸搭配庭院松散的砾石处，从视觉上减弱其转变的程度。

图4 将镶嵌石头和花儿的马赛克地砖放在不平整的图案上，使这个小而舒适的庭院外观真正得到个性化。

图5 人们总是将草移除到庭院之外，但是这里，草是受欢迎的，它增强了设计感并将庭院与附近的叶子相连。

图6 至少四种材料加起来创造出这个视觉上极为美丽的效果，而这样的设计使得空间看上去更大。

图7 混凝土和松散砾石在这个后庭院上形成了棋盘式图案。

④

⑥

⑦

配件

　　正如时尚配件可以装饰家居那样，露台或庭院配件也可以装饰户外空间，这些配件给露台或庭院增加了舒适感和美感。把你的户外空间看作是不断更新改进的工作，你可以安装新的配件，使你的庭院更实用。你也可以改变空间布置，更好地满足你的需求。此外，在你的露台和庭院增加配件，可以让你的户外空间个性化的同时，又不需要花很多钱，更不用改变结构。

　　根据个人的兴趣以及你涉及的活动，准备你需要的配件。或许你的小孩会喜欢游戏区的沙盒，或许你会喜欢有手推车的户外烹饪区，还有可能你喜欢种花，那么你会从维护那些花和种植盆中得到享受。兴趣随着时间改变，而配件则随着兴趣改变。把你的游戏场地变成花园，或者安装一个浴缸，在你结束繁忙的一天工作后，泡个澡让自己紧张的肌肉得到放松，这都是可行的。

　　配件的安装是让你的户外空间生动起来的一种经济实惠的方式。花不超过100美元你可以做以下几件事：买一个手提灯用于户外空间的照明；安装花箱，或在庭院种各种各样的花；比如树立一个雕塑，使之成为焦点。这些都可以增加情趣。很容易组装的灶台为家庭和朋友提供一个聚会的场地。或许，你想得更远，就建一个高架结构来阻挡一些你不想看到的东西。一个庭院取暖器让你待在户外而不觉得冷。想想你需要添加什么配件，把它们放在哪儿。像便携的遮棚、雨伞、桌子和椅子，这些临时的配件可以随时拿走或移

开。所以它们仅仅在你需要的时候才出现在那里。固定配件经常有双重目的，即通过展现完美的视觉效果和提供特别的用途来增添户外空间的活力。例如，可以坐的嵌入式的长椅，可以做饭的车载式烤炉，可以跨越水池的桥。

左图　庭院上的一张桌子和一些椅子能让客人感到舒适，欣赏让人心旷神怡的风景，听流水潺潺的声音。

下图　彩色玻璃灯笼是一个巧妙的设计，照亮黑暗中的道路。

露天厨房

当你在户外吃饭和娱乐时，你不必要每次需要什么东西的时候都往室内跑。户外厨房可以让你把烹饪必需品放在需要的地方。组装的厨房可以放在庭院，或者你可以把分开的零部件直接放在户外，需要的时候再组合起来。通常来说，户外厨房包括灶台、冰箱和水槽。增加一个吧台、酒窖、调酒柜桌和食物准备区能够提升已有的厨房档次。

③

④

⑥

图1 你需要的所有户外娱乐物品，都能在这个紧凑型的鸡尾酒间里找到。冰箱能提供冰块，水槽可以提供自来水。

图2 庭院的天然气烤架使烹饪变得方便。厨房的位置距离座位区足够远可以驱散烟。

图3 吊扇让空气流通，树荫挡风遮阳，遮棚可以挡雨。这样任何天气你都可以在庭院就餐。

图4 这个组装的厨房包括一个烤架、一个冰箱，放在一边的橱柜，还有放在另一边的用于吃饭和喝酒的吧台。

图5 配有自来水、烤架、烤箱、水槽的厨房是用砖砌的，和石头铺的庭院交相辉映。

图6 户外厨房包括炉子、冰箱和头顶的餐具架。花盆将厨房与户外相融合。

烤架和砖砌烤箱

　　户外装备齐全的厨房当然非常不错，但是有时侯，你需要的只是一个烤架。在户外，用木炭或天然气的烧烤，能给食物一种特别的风味，即使你刚刚结束室内就餐，再来上一些烧烤也是一种享受。砖砌烤箱越来越流行，它们看起来非常有个性，给庭院增加了吸引力，而且制作出来的匹萨也很美味。另外，砖砌烤箱价格很便宜。

❷

❶

❸

图1 使用木炭的烤箱安装了轮子易于移动，并且它能增加食物的烟熏味和篝火的感觉。

图2 在户外，用天然气烤架做的饭可以让你在户外直接享用。如果你真的是这么做的话，你会越来越想在户外做饭。

图3 户外厨房不必太大。小炉子的温度足够做饭。

图4 用明火烧烤的砖砌炉子和庭院背面的砖墙相融合。

图5 在露台和庭院，烤架是一个必需品。底下的一块热垫子能防止溢出物弄脏庭院。

图6 建在露台角落的砖砌炉子正是用来做披萨的。这些砖经过特别设计，能够承受极高的温度。

图7 这个现代的天然气烤架建在庭院的混凝土底层。台板安装在烤架两边，用来放食物和调味品。

进餐露台

　　进餐露台是户外就餐的专用区域。就餐区包括周围的墙或栏杆，头顶的遮棚以及餐桌、餐椅，有时还有上菜手推车。这些细节体现了露台的正式和优雅。

　　你要决定你想要的进餐露台需要多大空间，是否是封闭式的。六人或者更多人可用的桌子需要一定的空间。不仅如此，还要考虑适合的伞和遮棚的大小。

图1 正式的进餐设置通常出现在餐厅，但这放在户外看起来也很完美。雄伟的圆柱在就餐空间很显眼。

图2 一张圆的紧凑型的桌子非常适合这个庭院，空间足够四个人很舒服地坐下。

图3 将座位设在庭院的边缘，可以让客人坐在阴凉下，同时也能看风景。

图4 在庭院后院建一个就餐庭院，只需要一张简单的桌子和一些椅子。

图5 露台的下端给就餐露台提供了一个完美的场地。桌子的长方形仿造了长方形露台的形状。

图6 露台没有额外的空间，但是利用得当能使就餐庭院感觉很舒适。

图7 在可伸缩的遮阳棚的保护下，将就餐区设在房子旁边，使得从室内厨房拿食物和饮料的步骤简化。

图8 给桌椅设置一个便携式遮棚能为整个就餐区提供阴凉，因此白天都能用。

桌子和椅子

　　如果你想在户外找个地方吃晚餐，小酌一杯，或和朋友聊聊天，桌椅就是必需品。桌椅是用得最多的配件，是最好的投资。防水、防缩和不用维护的家具能放在户外而不用担心其损坏，然而更贵重的家具需要被高架结构保护起来。

图1　在桌子中间有一个方便的盆，这个盆能确保冰块和冷饮放在够得着的范围内。

图2　这个露台仿造了室内客厅典型的装饰，有配套的椅子、茶几、搁脚凳和咖啡桌。

图3　这些透明的椅背不会吸收热量，尽管这些椅子是黑色的。所以，即使在晴天也可以坐得很舒服。

图4　这种类型的桌椅在露台和庭院很常见，既便宜又舒服。

图5 正如这些漂亮的椅子所表现出来的，户外的家具可以有吸引力，也有功能性。

图6 可去除的椅垫给硬的椅座增加舒适度，也给单调的桌椅带来了色彩感。

图7 这一套桌椅和躺椅是由低维护的金属和塑料制成，因为在游泳池旁，所以容易被水溅到。

图8 这套古典庭院像遥远世纪的古堡，很适合设置在户外。桌椅上优美的曲线和弯曲的墙和楼梯的线条相一致。

长椅

在你的户外空间放一两张长椅能保证你有地方坐。用和露台一样的材料做长椅，会使它们看起来就像是露台的自然延伸，而不是分开的家具。沿着露台边缘增加嵌入式的长椅可以不需要栏杆。同时，沿着走道的木制长椅，为设计增加了吸引力。如果可能，你可以将座位下的空间变成储物区。

图1 这些长椅在最小的空间里，提供了最多的座位。这些长椅是混凝土做的，给了砖墙和庭院的沙砾表面作了很好的修饰。

图2 这个圆桌椅放在庭院中间很合适，这与圆形石质露台相吻合。

图3 尽管这些用板条做的长椅没有很符合露台与众不同的曲线，但是其形状与弯曲的栏杆很相配。

图4 这个设备齐全的长椅有你需要的所有东西，包括加垫的座椅和靠背、舒服的扶手，头顶有遮棚，而且便携。

图5 嵌入式长椅给露台增加了特色。这些长椅符合整体装饰的风格，并用栏杆作支持。

图6 像这个长椅，虽然轻但很坚固，适合任何庭院的风格。如果你想换个地方遮阳避风，这个长椅可以让你很容易地移动。

图7 这个庭院设计是为一家人考虑的。

其他家具

　　餐椅、餐桌和长椅是庭院上最常见的家具。当然它们不是户外的唯一家具。其他家具可以让户外空间变得更舒适，包括吊床、两用长椅、秋千、摇篮、取暖器和电扇。吊床可以让你小憩一下，户外的床可以让你整晚待在露台或庭院。不要忽视古典的秋千，有一种浪漫的感觉。

图1 带天篷的床可以让你在屋顶庭院睡觉。这个床嵌入墙里，油漆颜色也很搭配。

图2 一个带有凉亭的露台，吊床是最后一件家具，可以让你享受一个闲散的午后。

图3 折叠式躺椅提供一个舒服的地方，用来沐日光浴。

图4　这个庭院秋千的绳索挂在头顶的藤架横梁上。秋千远离房子、树和其他障碍物，所以可以自由移动。

图5　在露台或庭院放一个便携式的加热器可以加热，特别在寒冷的夜晚很实用。当你在款待客人时，大家都会聚集在像这样的加热器旁边。

图6　柳条是制作这样休息桌椅的最理想材料，因为柳条很轻，又非常具有装饰性。

椅子的选择

选择椅子时，舒服感是最关键的。同时，不论在颜色上还是风格上，椅子应该与其他户外家具相匹配。展示在这里的椅子都是坐着舒适的，很容易买到，而且在户外看起来也很不错的类型。

⑦

⑧

⑨

⑩

⑪

图1　帆布太阳椅

图2　带花盆的深蓝柳条椅

图3　无扶手加垫椅

图4　有扶手加垫椅

图5　柳条扶手椅

图6　儿童木椅

图7　加垫黑色柳条椅

图8　导演椅

图9　深蓝柳条椅

图10　有搁脚物的柳条椅

图11　圆形柳条椅

①

餐桌

　　一个圆桌可以容纳几个人而不需要占用很大空间，但是正方形桌子和长方形桌子更常见，更符合大多数庭院的设计。这几页展示了一些吸引人的户外餐桌。

图1 带凳子的正方形柳条桌

图2 带长凳柳条金属桌

图3 带凳子的柳条方形桌

图4 带椅子的圆形柳条桌

图5 带扶手椅的柳条桌

图6 带椅子的S形柳条桌

图7 带加高椅子的加高方形桌

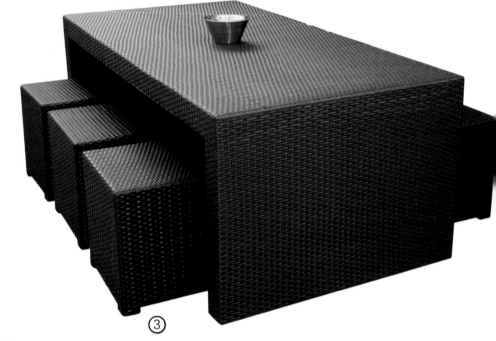

③

②

④

⑥

⑦

⑤

①

休息室家具

　　休息的时候，你将需要长椅和躺椅。在座椅上放垫子可以增加舒适度，旁边可以放一个茶几。这里有一些建议关于选择时尚的休息室家具。

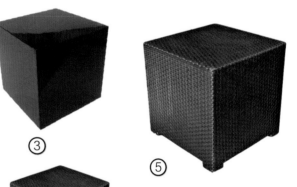

③

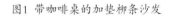

⑤

④

图1　带咖啡桌的加垫柳条沙发

图2　加垫躺椅

图3　棕色喷漆茶几

图4　黑色柳条椅

图5　黑色柳条四方凳

图6　木制叠放台桌

图7　白色柳条桌

图8　加垫沙发

图9　乙烯基躺椅

图10　加垫柳条躺椅

②

⑥

⑦

⑧

⑨

⑩

按摩缸和浴缸

有些露台的特色是诱人的按摩缸或浴缸。浴缸是户外的终极奢侈品。在一天紧张工作后，能够让人放松。最新的按摩缸和浴缸有很多特色，比如，嵌入式的电视和音响。

当你设计露台或庭院时，按摩缸和浴缸是非常棒的选择。在你设计露台或者庭院的时候，你需要把水管设施和电力问题考虑进去。

图1 游泳池的一部分作为浴缸，能让使用者在温水中放松，在冷水里游泳。

图2 嵌入露台的按摩浴缸把庭院和外界隔绝。远处一排坚固的围墙保护了隐私。

图3 这个吸引人的按摩浴缸有特有的结构，庭院表面是阶梯式的，水沿着浴缸流动，四周有岩石，这个设计能增强热水浴缸的体验。

图4 浴缸的空间限制在小的露台上，但是突显出来的石头结构，同样可以使你的浴缸拥有大的漩涡。

图5 温泉浴缸和游泳池的合并，让浴缸看起来更大。

图6 在这个理想的露台中，每个人都想游泳，沐浴阳光。

水设备

　　水有一定的催眠作用，这是为什么水能让户外空间带来让人心境恬静的感觉。水流或喷水的声音形成平静安逸的气氛，在没有湖景和海景的地方更受欢迎。它们不需要精心制作，也不用花费很多。拥有一些和桌面一样高的装饰，直接插入的喷泉装置就可以了。当然，你可以有更大更好的想法，比如想要一个有流水的花园，不管是嵌入庭院还是高出地平面。

图1 瀑布的存在，使得每隔一段时间，就会有水舒缓地流入池子。

图2 水设备中你希望得到的所有东西都展示在这里。水像瀑布一级一级地落下，在水池和花园之间喷射，后面的喷泉在冒泡，还有水从二楼阳台流下。

图3 这个海豚喷泉加了一个奇特的设计，使得水能喷到水池的边缘。

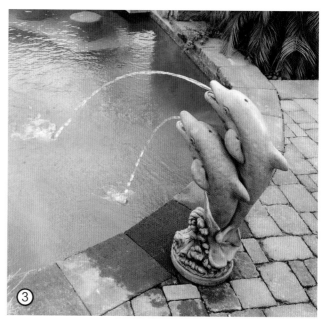

图4 你很难抑制对飞溅的瀑布的喜欢。它被岩石包围，形成一个自然的景观。

图5 不是所有的水设施都需要嵌入地上。这种设备齐全的系统可以设在任何固体表面。

图6 这是个与众不同的设计，合并了起伏的护壁和喷水的雕刻表面。使得这个水设备显得独一无二。

水上花园

　　水上花园结合了水池和水生植物，有时还有金鱼、岩石或喷泉。植物可以完全种在水下，成长以后超过水面，但根在水下或浮在水面。有关水上花园最难做的决定不是是否要建一个，而是你想要哪个。选择很多，从嵌入地上安静的水池到被植物包围的浮雕喷泉。

图1　一个舒缓的瀑布能防止水流断流，流水声也令人愉快。

图2　阔叶植物围绕在水池周围，均匀地种在花盆里，而不是水里。

图3　这个水上花园是嵌在地面上的，周围都是植物，像百合花，让水池变成真正的花园。

图4　这个浮雕水上花园边沿前端弯曲。宽大的顶石可以当临时的座椅，也可以是一个放盆栽的理想的地方。

图5　这个圆形水上花园是岩石镶边，这种形状沿着露台重复出现。

图6　在这个独立的花园里，植物漂浮在水面上。砖砌的花园两边增加了额外的吸引力。

焦点

　　露台和庭院有很多元素可以吸引注意力。设定一个焦点，把它放在一个显眼的地方。这个焦点不需要很大很耀眼。一个简单的雕像，甚至一个树都能起作用。任何看起来独一无二吸引眼球的事物都能成为焦点，包括马赛克砖或手绘砖。

图1 下落的水一定会吸引眼球，圆柱结构绝对是一个焦点。

图2 种一棵树，接着用有色的沙砾和大的岩石美化它，这些为露台增加了活力。

图3 真人大小的雕像在形状优美的水池中间，你处在庭院的任何地方都能看到。

图4 就像是室内的设计，椅子面向华丽的石头砌的壁炉，可以让人们坐着休息。

图5 在这个庭院你能看到很多东西，但是吸引你眼球的焦点绝对是水边的设计。

图6 在对称的，被修剪过的灌木的中间，有一个叶子形状的雕像，这肯定能让你感兴趣。

花盆

在户外空间最简便地欣赏植物的方法，是把它们种在花盆里。把绿色植物和花种在木制平台上和庭院的固体表面是理想的方式。花盆可以起到增加时尚感，设定出一个主题或在庭院中划分出一块区域的作用。花盆可以固定在露台，也可以是易于移动的黏土盆或陶瓷盆。你也可以考虑把小花盆放在栏杆上或长椅上。

图1 这里的花盆和绿色的灌木形成鲜明对比。

图2 这些花盆质优价廉还有装饰性。这些花盆可以做出很多布局选择，相对来说，比整个花园容易打理。

图3 雕塑状的灌木和各种颜色的花种在超大的花盆里。这些植物给庭院增添生气。

图4　这些发亮的花盆种了各种植物，增强了庭院的装饰性。

图5　简单的植物和现代的花盆是自然的结合，不会刻意地吸引注意力。

图6　这些漂亮的花盆能够很容易转移到露台的任何一个地方，让平凡的露台色彩斑斓。

图7　一棵简单的树就能变换整个露台的氛围，而其中的关键点在于这个盒子形状的花盆。

花盆有各种形状、各种大小、各种颜色。花盆可以种任何东西，从一般的花到一棵简单的树。在往花盆加土和种植物之前，确保花盆放对地方，因为一旦花盆填满就很难移动。这里的花盆很有特色，当然，你也可以从当地的供应商提供的花盆中选择。

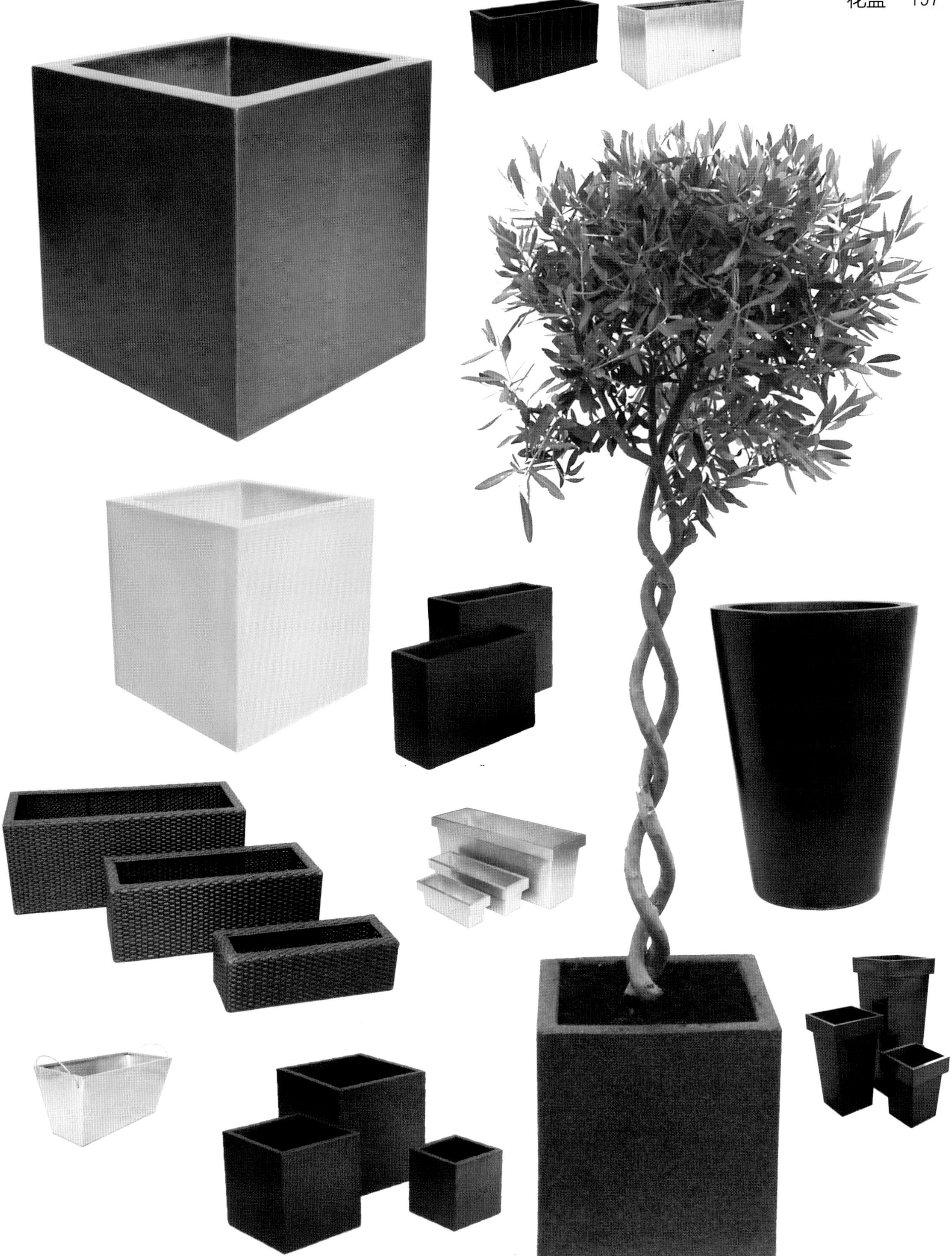

花盆和花一样有很多风格。你能找到任何颜色、任何形状的花盆。用这种简单经济的方法给你的户外空间增加乐趣。如果你计划以花为特色，你就要考虑如何放置花盆。你可以在你的当地供应商那儿，甚至在网上挑选花盆，来满足你的需要。

花箱

　　如果你不想让你的花种在地上，你可以使用花箱，种在齐眼高度。传统上，花箱是放在露台或是栏杆上的。它们是凉亭新增的风景线。如果你没有栏杆放花箱，那就把它们放在楼梯上或者用花篮挂在高架结构上，也是不错的选择。

⑤

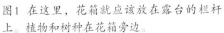

图1 在这里，花箱就应该放在露台的栏杆上。植物和树种在花箱旁边。

图2 种满了喇叭花的花箱排在露台顶部。当客人走上台阶看到固定在露台的花盆会心情愉悦。

图3 在橡木末端挂上牵牛花篮，因为齐眼高度，能吸引注意。

图4 粉色天葵兰爬满了栏杆，掩盖了花箱。

图5 花篮挂在露台的杆子上，处于平衡的目的，花箱放在杆子中间。

图6 喷过漆的便携花箱放在栏杆上，用那些黄色和白色的四季植物突显红色天葵兰。种了同样的四季植物的花篮子固定在栏杆前面，牵牛花种在顶层。

⑥

树

　　树能遮阳挡风，增加户外居住区的舒适度。它们能很好地保护隐私，增添华美的风景。当你在外面，你可以看到鸟儿和宠物。另一个好处是闭上眼能够听到微风吹过树枝的声音。如果你已经在你的庭院里种了树，可以在它们周围做点装饰。如果还没种，就在你想种的地方，种一些新树。此外，你需要选那些不会流树液或不会掉种子以及根不会破坏庭院表面的树。

图1 这不规则生长的棕榈树已经长到了庭院上了。树下的灌木包围着树的根。

图2 一棵简单的树足够为整个庭院遮阳，人们可以在树下享受野餐。

图3 树周围的壁脚板和浴缸周围的壁脚板风格一致，并将两者融为一体。

⑤

④

⑥

⑦

图4　又高又细的柳树与宽敞的房子形成鲜明对比。

图5　这些高大的、被修饰过的树，界定了庭院的边界，遮蔽了后面的区域。

图6　这棵小树没什么特别，但是四周特别的地面增加了其重要性。

图7　泳池旁的专用花盆种了树和其他植物，给灰色露台带来一些热带的感觉。

凉亭和绿廊

　　凉亭似乎是户外空间独立的结构。但是，传统上它是附着露台、庭院或房子的。在露台上建一个凉亭或绿廊有一种高度感。一个仅仅带有一些椽木的小凉亭和绿廊就会吸引眼球，让空间变得更大。将椽木的根削成有趣的形状会产生额外的吸引力。当然，喷了漆或染了色的木头同样吸引眼球。

图1 这个绿廊包含了装饰性和实用性的元素：嵌入式长椅增加了休息的地方，高架结构上的板条可以挂花篮。

图2 这是一个古典的绿廊风格，长椅上加一些花盆，就完成了整个绿廊的设计。

图3 绿廊角落处有角的交叉横梁与露台有角的高架结构相互呼应。

图4 凉亭下面，植物直接沿着杆子向上爬。整个高架结构都缠满花，给户外就餐区提供了阴凉空间。

图5　这个坚固的四角绿廊给人印象深刻。板条搭成的有角设计吸引眼球。

图6　水池两边通过绿廊连接。长椅建在左手边，游泳累了可以在那里休息。

图7　绿廊设计得有一定倾斜度，漆成与栏杆相同的颜色，为绿廊增添了特色。

格状结构

格状结构是一种装饰结构，包括水平的、垂直的、对角线等种类。不论是设计的本身还是展示植物，这种结构使露台或庭院都能看起来更整洁。吊兰和紫藤花、牵牛花这样的攀援植物在格状结构的映衬下，看起来效果极佳。格状结构的材料通常是木头或金属。但是，因为乙烯基材料不需要维护，所以使用得越来越频繁。此外，格状结构经常在凉亭和绿廊中使用。

图1 格子结构墙远离露台，建在嵌入式长椅后面。木头漆成白色是为了和高架结构相匹配。

图2 在露台一侧，木制格子结构代替了栏杆。攀援植物正沿着木条向上爬。

图3 格子结构墙置于杆子之间，用来支撑藤架。格子结构墙比露台栏杆更具有装饰性。

图4 玫瑰穿过格子栅栏相互缠绕，表面覆盖了粉色的花和绿色的叶。

高架结构

　　设计高架结构是为了把房子和露台或庭院结合起来。在高架结构上安一个屋顶能保持底下的干燥和阴凉，即使在恶劣天气下也能使用这片空间。如果封闭空间不是你想要的，那么用板条做一个屋顶，采光会很好，空气流通。在户外建一个高架结构能够保护庭院。圆形或与众不同形状的高架结构会让空间变得生动。需要注意的是，圆柱的装饰更呈现正式性。

图1 高架结构能让阳光照进来，让空气流通。

图2 圆柱起到支撑作用，使得顶棚为庭院遮阳。

图3 为了装饰效果，绿廊的高架横梁是特制的。

图4 这个弯曲的高架结构与圆形露台很好地结合。这个巨大的结构覆盖了整个庭院表面，为庭院遮挡阳光。

图5 交叉的几何图形让高架结构与众不同。

图6 高架结构由隔开的木板形成，在柱子上和庭院表面的投影，呈现一种迷幻的感觉。

图7 这个圆形高架结构模仿了圆形庭院表面的形状。

凉亭

　　如果你想要一个让人印象深刻的户外设施，使你能够招待朋友或坐着看书，没有什么比一个凉亭更好的了。凉亭可以建在你的露台，或者庭院里任何地方。不管是色彩斑斓的维多利亚时期的设计还是不用维修的乙烯基结构，凉亭都是家庭朋友聚会的最佳场所。

图1 这个八角凉亭有金属栏杆围着,屋顶由横梁组成,还有带灯的吊扇。

图2 凉亭位于露台的背面,喷成和露台不同的颜色,还有一个与众不同的栏杆,使得每一个建筑都有自己的特点。

图3 这个凉亭建在房子旁边,便于进出,食物和饮料能够方便地从房子拿到户外就餐区。

图4 全封闭的设计能防止讨厌的昆虫进入凉亭。带玻璃的双重门防止蚊子飞进飞出。

图5 露台的栏杆与凉亭的栏杆融合得天衣无缝,让凉亭看起来是露台的自然延伸。

图6 这个凉亭与提高的露台相连。为了统一,露台和凉亭用同样的木材。

桥

在户外，没有什么比桥更吸引人的。桥能美化环境，给人以平静的感觉。在泳池和小溪上建立桥梁是个很棒的设计，但把桥建在长满草的深沟上或连接庭院两个区也是可行的。为了达到一个完整的效果，可在桥之间增加一些垫脚石或者一条小径。

图1　这是用石板材建的桥。在泳池上架了一座桥能让人不用绕泳池一圈，而直接穿过泳池。

图2　这座坚固的木桥连接了露台和楼顶凉亭。

图3　垫脚石铺的路，通向一小段斜度不大的木桥，木桥穿过了长满草的小渠。

图4　一座古典的桥若隐若现地建在树后，栏杆如画般美丽。

图5　这座极有个性的石桥跨越了这个池子，增加了这个庭院的活力。但是，用于桥的石头却不必像用于庭院的石头那么出众。

图6　在木制露台和砖砌庭院之间建了一座拱桥，这座桥为穿过泳池提供了便利。

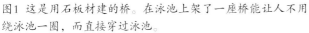

遮阳物

在户外，遮阳物可以部分或全部遮阳。大多数的遮阳设备是便携的，所以可以在露台或庭院建好后安装。在餐桌上或躺椅上支开一把伞是一种流行的遮阳方式。你可以考虑安装一个可伸缩的遮阳伞，当你不需要的时候可以折叠起来。新型的遮阳物可以远程控制，你只要用按钮就能打开和收缩遮阳篷。

图1 你不能随意地打开伞遮阳，你需跟着太阳调整你的伞。

图2 这把伞成为桌子的一部分，既美观又遮阳。

图3 用根杆子支撑，拉紧尼龙布，这可以遮住露台的大部分。覆盖的三角形别有风味。

图4 这种临时的遮阳篷可以安置在任何地方，花几分钟就可以搭好。

图5 这种四边形的遮阳篷非常引人注目，让庭院看起来很正式。四个角的布拉上了可以遮阳。

图6 可伸缩的遮阳篷延伸到庭院，但你不需要的时候可以收起来。

图7 遮阳篷能遮挡小雨，因此各种天气你都能在露台活动。

图8 一些遮阳篷安在建筑物上，确保庭院一直保持阴凉。

图9 红布做的遮阳篷为房子遮阳。

游戏区

　　当你设计户外空间，留一部分给孩子，给他们一个专门的地方戏耍。秋千和沙箱是孩子的最爱。一个可以种菜和种花的地方能促进他们对园艺的兴趣。选择一个至少有部分阴凉的地方，安装一个足够软的垫子，或者铺上沙砾或细沙，防止孩子摔跤。当然，还需要确保游戏区在你的监控之内。

图1　在庭院搭一个和孩子一样高的圆锥形帐篷，可以让孩子在里面玩。

图2　露台下面的场地是为孩子准备的。颜色鲜艳的塑料餐桌可以用来玩耍、画画和吃饭。楼梯路口的安全门防止他们跑到街上去。

图3　像这样的游戏区适合各个年龄段的孩子。这个完整的屋顶提供了阴凉，全封闭的栏杆增加了保护度。滑梯，装好的望眼镜，安全抓杆都能引起孩子的兴趣，保持他们的积极性。

图4　这个设备齐全的游戏区会让孩子忙上几个小时。巨大的沙地能保证孩子摔跤不会受伤。

图5　简单的游戏区能让孩子感到好像他们有自己专门的地方和玩伴交流。

火坑和壁炉

　　和朋友家人坐在篝火周围有一种魔力。壁炉和火坑把这种魔力带到你的户外空间。除了在寒冷的夜晚给露台或庭院提供温暖，壁炉作为一个聚会的中心地，可以休息和分享故事。嵌入式的石砌壁炉有一个出众的外观，然而便携式的火坑却可以用于即兴的聚会。你可以用天然气点燃壁炉，但是木头燃烧产生的噼啪声和气味才是最完美的户外篝火。

图1 注意烧木头的壁炉其实远离庭院。这能让烟被驱散，防止高架横梁褪色。

图2 虽然这个壁炉看起来比较小，但是内部结构很大，很坚固。颜色和房子的装饰匹配。壁炉的顶端有一块大的隔板。

图3 很像室内设计，这个壁炉处于庭院尽头，壁炉让户外环境变得舒适。

图4 圆形的火坑让人想拉上椅子，感受火的热量。

图5 这个建在泳池旁的火坑形成了水与火的对比。

图6 这面经过特别设计的墙角是建壁炉的最佳场地。烟囱上的马赛克砖增加了古典格调。

图7 这个石造火坑建在庭院顶部，能燃起让人舒服的小火。

⑥

⑤

⑦

嵌入式灯

照明户外空间能让你在庭院过得舒适，不论什么时候，甚至在午夜。这些灯照明楼道，小路都给人安全感。嵌入式灯意味着你所要做的只是当你走在户外，轻按开关，马上就能照明。你只需考虑的是开关安在什么位置，需要多少灯，什么地方需要灯。你只要两个低瓦数的灯就能照明露台或庭院。

图1 这些小灯不起眼，但是它们足够照亮楼道。

图2 嵌入式的灯安在泳池边，可以让你黄昏后也能游泳。

图3 灯安在每个楼梯竖板的中间，虽然是建在泳池旁，但是能照亮楼梯，直到屋顶的最高层。

图4 灯照明浴缸的每一边，安在缸内的灯让水也发光。

图5 发光的煤油灯有一种历史感，并且它们能有效地照亮黑暗中的道路。

图6 底部的灯照亮了房子旁边的庭院，低瓦数的灯照亮了泳池旁边的庭院。

图7 庭院和水里一系列的灯让整个房子灯火通明。

便携灯

便携灯不用电力就可以照明任何户外空间，包括黑暗的楼道。这些便携灯都是用电池或燃料，但是更多的是用太阳能。它们看起来和以电力为能源的灯一样时髦。但是，它们可以放在露台或庭院任何地方而不影响你的电费账单。即使在户外空间你已经通了电，便携灯也可以有效照亮那些照不到的地方，例如小路边沿。

图1 这些灯加满燃料，接着点着灯芯，燃烧着的火焰发出自然的光和热，这让人想起煤油灯。

图2 你可以移动这张桌子到庭院的任何地方而不用担心照明问题。

图3 每一盏灯发出的光亮照明了露台的就餐区。这些灯与露台金属栏杆和桌子相互辉映。

图4 这种太阳能灯像老式路灯，照明护壁后面的庭院。

带明火的便携灯神奇之处是使用灯泡的灯无法比拟的。从烛台到大的燃料炉，甚至花盆里的"蜡烛花园"。这几页展示的是一些可以用在你的露台或庭院的便携灯。

储藏

　　你的户外储藏空间似乎从来都不够，所以无论什么时候都在寻找储藏的方式。所以，为了避免看起来杂乱无章，把储存区隐藏起来是最有效的方式。例如，在露台下面，在嵌入式座位下面或者在楼梯下面。你想找个地方存放家具衬垫，花园浇水用的橡胶软管和工具，以上地方都是很好的储藏区域。像露台下面，有足够大空间可以存放花园的长柄工具和除草工具，例如割草机，这样车库不会被胡乱填满了。

图1　露台楼梯下的大量空间能够存放除草工具和花园用具。

图2　倾斜放着的厚木板使露台下面看起来很完美，事实上它是一个储物区。双门设计让存放牵引机和割草机变得容易。

图3　楼梯平台下面的门是储物间的入口，空间足够放烤架。储物区的格子形状引人注目。

图4　在这样的长椅下面没有太多的储物空间。但是，只要有一点空间就能起很大的作用。这个空间足够放橡胶软管，而这个软管曾经是散落在庭院上的。

图5　有了这样的一个小的结构，就有一个方便的地方放些凌乱的东西，比如说垃圾桶，这样别人就看不见这些东西了。

实用核对清单

1. 建筑许可证

建筑许可是随着司法管辖区的要求而改变的。露台的建设通常需要一个许可证才能实施，但庭院有时却不需要。所以在项目开始前，请与您当地的建设部门确定是否需要许可证，如果需要又有哪方面的规定你需要遵循。在露台建设中，大型结构如凉亭，还有项目涉及水暖、电气工作，以及房子结构变化等方面的建设通常都是需要许可证的。如果您的项目需要一个许可证，那么你需要一个包括详细的图纸和将被使用到的材料以及紧固件类型的项目书，再由建筑检查员进行审查。在建设过程中，检查你的项目是否符合要求。你还需要在修建的露台或者庭院的各个区域，找出所有可能会限制它进行修建的要求。同时也需要找出关于围栏和墙高度限制的要求。如果你打算在你房屋的边缘安装一个围栏或者一面墙，那么你需要在你房屋的边缘上标记出一条线，这样做你就不会把围栏或者墙，建到邻居家的院子里面去了。

2. 选择材料

不同的材料根据它们自身不同的特性，用于不同的配件、不同的环境，最终表现出不同的效果。所以，当你购买材料的时候，你需要考虑一下几个要素：买材料之前，需要亲自去看一下，不要盲目地相信画册或者电脑上所展现出来的那些标准的颜色。额外地购买10%—15%的材料，需要考虑修建时的浪费以及碎料。

如果购买大量的木料或者砖石产品，考虑让他们交付而不是自己亲自去运。另外，需要问清楚交付的费用，再决定让供应商交付是否合适。在你使用这些材料之前，需要知道这些材料如何储存。一些产品有特别的储存要求，比如说如何不让木材变形。

3. 预算

露台和庭院的建造往往会变得很昂贵，特别是它们包括了游泳池、凉亭，或提供全面服务的厨房这样的奢侈建筑。在你计划实施之前，你需要考虑以下几个因素：你是否可以使用一些相对来说便宜一些的材料，这些材料能达到你使用昂贵材料后，你所想要的那种效果？你是否可以分批地建筑你的室外空间，这样你可以有一个较长的时间成本期？

如果需要雇佣专业人员，那么你需要看看有哪些活你自己可以处理好，这样也能节省一笔费用。

决定你准备在你的项目中投入多少资金，然后和专业人士讨论就你所投入的资金，哪种选择更加合适。

下面的表格将会帮助你衡量你最终希望达到的效果和你资金能够承担的力度之间的关系。

4. DIY或者专业设计

你需要决定你是否是自己设计整个计划，或者是你需要请一个专业的设计团队。为了帮助你选择是自己设计还是专业设计，我们提供了一下几点供你考虑：

你最专业的技能是什么？你现有的知识能否让你自己作出设计？

如果这个项目很复杂，需要对房屋的结构进行调整，或者你不具备这方面的经验，那么雇佣专业人士来确保整个项目的正确实施。如果这个项目需要铺设线路，电器连接，那么你需要雇佣一个电工。了解项目的哪些部分你可以自己完成，然后计划一个建设时间表，充分地利用使用专业人士的时间。确定你是否有足够的体力，因为在庭院建设的时候需要抬很多沉重的石头，或者安装大量的砖。露台建设需要你离开地面，站在梯子上安装横梁和托梁。

材质	颜色	基础要求	价格
砖	红色、棕色、棕褐色、灰色、白色、土色	砾石、砂、混凝土	价格昂贵
石	红色、淡蓝色、奶油色、灰色、棕色以及各种颜色	碎石、砂、混凝土	适中
混凝土	灰暗，但可以是彩色的	砾石、砂	廉价
铺路石	红色、棕色、灰色、棕褐色、土色	碎石、砂、混凝土	适中
瓷砖	任何彩色	混凝土	适中到非常昂贵

确定你是否有足够的时间去建造一个露台，完成它可能需要几周的时间。

5. 选择专业人士

不同类型的专业人士能在你的项目中起到帮助作用。这里有一些你可以聘请的专业人士类型：专门负责建造的承包商，可以雇佣他们建造露台。景观承包商专门负责草坪和花园建设的。可以聘请他们建设庭院、花园或景观。

专业承包商处理一些特殊区域的建设，比如说混凝土或者电力方面的。聘请他们从事那些需要特殊工具的特殊工作。拥有建筑师资格的专业人士，他们能根据房屋的大小很合理地设计房屋结构，可以聘请他们设计露台、凉亭或者庭院。拥有建筑师资格的景观建筑人员，会在设计草坪和花园上非常专业。可以聘请他们设计挡土墙，花园还有景观美化等项目。一些设计者虽然没有建筑师的资格，但是他们通常拥有建设设计方面的经验，可以聘请他们进行设计，并且可以完成接下来的露台，凉亭以及庭院的建设工作。专门设计图纸的人可以绘制出那些需要建筑许可证的结构，可以聘请他们来为露台和庭院绘制蓝图。

6. 聘请专业人士

当你准备聘请那些专业人士的时候，无论是承包商、建筑师、设计者，你可以依照以下的步骤来：你可以从你家庭还有朋友那里，那些请过专业人士的人中得到意见。你还可以与当地的专业人士协会联系，从那里得到帮助。把你的候选名单缩减为两到三个。然后去会见他们，要求他们出示工作和一些参考资料的文件。询问一些关于建设的问题，并且了解那些承包商关于建设方面的经验。你需要清楚地知道你的户外空间最终需要些什么设施。把你的目标写下一个清晰的清单。如果可能的话，从杂志或者网络中获得一些你希望的露天或者庭院的图片。你需要时刻提醒自己你准备为你的设计提供多少预算。在你付款给那些专业人士还有开工之前，你和专业人员都需要签订一个详细的合约。这个合约应该包含项目中从开始到结束的所有消费。

图书在版编目(CIP)数据

1001个创意·室外空间／（英）马丁（Martin, B.）著；王长平，曹治译.
—南昌：江西美术出版社，2013.5
ISBN 978-7-5480-2109-4

Ⅰ.①1… Ⅱ.①马… ②王… ③曹… Ⅲ.①室外装饰－建筑设计－空间规划 Ⅳ.①TU238

中国版本图书馆CIP数据核字（2013）第081233号

责任编辑：陈军　李佳　蒋博
封面设计：蒋博

1001个创意·室外空间

1001 GE CHUANGYI SHIWAI KONGJIAN

出版发行：江西美术出版社
地　　址：南昌市子安路66号
网　　址：www.jxfinearts.com
E－mail：jxms@jxpp.com
经　　销：新华书店
印　　刷：利丰雅高印刷（深圳）有限公司
开　　本：889mm×1194mm　1/16
印　　张：14.5
版　　次：2013年5月第1版
印　　次：**2018年8月第2次印刷**
印　　数：2000
书　　号：ISBN 978-7-5480-2109-4
定　　价：99.00元

赣版权登字 06-2013-174
合同登记号 14-2013-096